KB152202

자연 수업

자연 수업

바람과 새와 꽃의
은밀한 신호를 읽는 법

페터 볼레벤 지음
고기탁 옮김

차례

서문
자연이 주는 실마리

문을 나서서 정원이나 집 주변 공원으로 발걸음을 내딛는 순간 우리는 자연에 둘러싸이게 된다. 눈에 띄지 않는 아주 미세한 현상부터 어마어마한 사건에 이르기까지 수많은 사건이 그 안에서 펼쳐지고 있는데 그 광경은 대단히 매혹적이고 아름답다. 우리의 감각이 그것들을 알아차리기만 한다면 말이다.

　과거에 자연이 보내는 신호를 인지하고 해석하는 것은 누구에게나 매우 중요한 일이었다. 인간은 자연에 의지했고 또한 매우 익숙했다. 하지만 오늘날에는 우리 인간이 과거와는 다르게 자연에 더는 의존하지 않는다는 생각이 팽배해 있다. 온갖 상품들이 마트의 진열대를 가득 채우고 있고, 에너지는 안정적으로 공급되며, 생각할 수 있는 모든 자연 현상에 맞서 온갖 장치와 제도가 위험으로부터 우리를 지키기 위해 마련되어 있다. 그것이 우리를 착각하게 한다.

인간과 자연의 관계가 얼마나 소원해졌는지는 덥고 건조한 여름이 오면 잘 알 수 있다. 농부들과 삼림 감독관들은 간절한 마음으로 비 소식을 기다리는데, 도시 사람들은 무심하게도 한동안 비가 내리지 않을 거라는 기상청의 예보에 기뻐한다. 가뭄이 길어진다는 게 무엇을 뜻하는지 생각조차 하지 않으려 한다. 그러나 기후 변화와 환경 파괴에 직면해 있는 지금, 자연이 보내는 신호를 인지하고 이해하는 일은 오히려 과거 그 어느 때보다 중요해졌다. 그래야만 우리가 무엇을 잃었는지 알게 될 터이기 때문이다.

오늘날 우리는 날씨를 확인하기 위해서 굳이 창밖을 내다볼 필요가 없다. 텔레비전과 라디오, 인터넷이 날씨를 알려 주고 있기 때문이다. 언제 비가 오고 언제 해가 나는지, 언제 철새가 날아오고 언제 진딧물이 부화하는지, 우리가 알고 싶어 하는 모든 것에 대한 정보가 실시간으로 업데이트되고, 찾아볼 마음만 있으면 언제든 이런 정보를 이용할 수 있다.

하지만 정원 가꾸기를 좋아하고 자연에서 시간을 보내는 것을 즐기는 사람이라면 이런 정보에 기대지 않더라도 완벽하게 최신 날씨 정보를 계속해서 얻을 수 있다. 정원 주변의 실마리에서, 동네의 동물과 식물에서, 심지어 생명체가 존재하지 않는 환경에서도 말이다. 가까운 미래의 날씨를 예측하거나 현재의 기상 상황을 파악하고 싶을 때, 벌레들이 출현하는 시기를 알고 싶을 때, 어떤 계절이 시작되었거나 끝났다고 확실하게 말할 수 있는 시점을 판단하고 싶을 때, 우리는 프롬프터를 읽는 아나운서들보다 훨씬 정확하게 정원에서 관련 데이터를 얻을 수 있다. 거리가 불과 몇 킬로미터밖에 떨어져 있지 않더라도, 우리 집 정원과 다른 지역 사이에는 자연 현상이 전개되는 방식과 그에 따른 영향에서 커다란 차이가 있을 수 있다. 우리가 언론의 기상 예보를 다시 생각해 봐야 하는 궁극적인 이유도 여기에 있다. 우리가 알고 싶어 하는 것은 우리 집 바로 문밖의 상황이니까 말이다.

이 책은 우리가 지금 사는 곳에서, 특히 정원에서 수집 가능한 무수한 정보에 어떤 의미가 숨어 있는지 이해하도록 도와줄 것이다. 그러면 우리도 자연 전문가 못지않게 될 수 있다. 배경을 알고 나면 일상의 많은 의문이 풀리고 문득 많은 현상이 쉽게 이해될 것이다.

나는 더 많은 사람이 야외에서 시간을 보내면서 휴식하는 즐거움을 누리길 바란다. 이것이 내가 이 책을 쓴 가장 중요한 이유다. 이제까지 의식하지 못한 채 그냥 지나쳤던 현상들을 인지하고 경험하는 행위는 그 자체로 경이로움을 선사한다. 날씨뿐 아니라 아직 일어나지 않은 동물과 식물의 변화를 예측할 수 있다는 건 그 자체로 흥분되는 일이다. 우리의 모든 감각을 활짝 개방한 채 주변의 사물을 느끼면서 활력을 회복할 때 자연은 그 어느 때보다 우리와 가까워질 것이고, 우리와 자연의 관계도 예전처럼 회복될 수 있을 것이다.

1장

내일 날씨는 어떨까?

라디오나 텔레비전 뉴스의 맨 마지막에는 항상 일기 예보가 나오는데, 이 예보는 세간의 평판보다 나을 때가 많다. 일주일 전 예보의 정확도는 대략 70퍼센트, 24시간 전 예보의 정확도는 90퍼센트에 이른다. 바꾸어 말하면 하루 전 예보도 열 번에 한 번씩은 틀린다는 뜻이다. 일기 예보는 왜 100퍼센트 들어맞지 않을까? 예측하는 것이 전혀 가능하지 않을 만큼 기상 상황이 혼란스러울 때가 있기 때문이다. 나는 종종 일기 예보에서 이 점을 깨끗하게 인정하려고 하지 않을 때 화가 치민다. 그냥 "현재 상황이 이러해서 오늘 예보는 매우 불확실합니다"라고 말해도 될 일이다. 하지만 우리가 일기 예보에서 이런 말을 듣게 될 날은 앞으로도 없을 것이 분명하다. 사정이 이러하니 직접 창밖을 내다보며 구름이 흘러가는 방향을 살피고, 스스로 그러한 현상이 의미하는 바를 유추해 본다고 해서 해가 될 것은 없다. 충분한 시간만 투자한다면 누구나 감각을 예민하게 가다듬어 몇 시간 뒤 어떤 일이 펼쳐질지 예측할 수 있게 될 터이기 때문이다.

뭉게구름과 붉은 노을

석양은 많은 사람이 좋아하는 날씨 예언자다. "저녁 하늘이 붉으면 양치기들이 좋아한다"는 속담이 있듯이, 따뜻하고 불그레하게 빛나는 석양은 다음 날 아침이 화창할 거라는 신호로 여겨진다. 석양이 붉은 이유는 햇살이 서쪽의 맑은 하늘에서 대기를 낮게 관통해 가면서 동쪽에서 느리게 떠다니는 구름을 비추기 때문이다. 그리고 서유럽에서는 일반적으로 기상 상황이 서쪽에서 동쪽으로 진행하기 때문에 구름이 거의 없는 서쪽의 지평선은 향후 몇 시간 동안 하늘이 계속 맑을 거라는 걸 의미한다.

새벽하늘이 붉은 경우에는 정반대다. "아침 하늘이 붉으면 양치기는 조심해야 한다"는 속담이 있다. 대체로 틀린 말이 아니다. 새벽의 붉은 하늘은 태양이 동쪽에서 뜨고 동쪽 하늘이 아직 맑은 가운데 서쪽의 구름에 햇빛이 반사되면서 붉게 보이는 현상인데, 이 구름은 금방 퍼져 나가 하늘을 가득 채울 것이기 때문이다.

하지만 모든 규칙에는 예외가 있다. 바람이 서쪽이 아

닌 남쪽이나 동쪽에서 불어올 때는 해 질 녘이나 새벽녘의 붉은 하늘만으로 날씨를 예측하는 것은 아무런 의미가 없다.

바람의 방향은 그 자체로 날씨를 예측하는 도구가 될 수 있다. 서풍은 대서양의 눅눅한 바다 공기를 가져와서 구름을 생성하고 자주 비를 뿌린다. 구름은 지구를 마치 담요처럼 덮어 주어서 기온에도 영향을 미친다. 겨울에는 하늘이 너무 맑아도 기온이 급격하게 떨어질 수 있는데 서풍이 몰고 온 짙은 구름은 밤사이 열 손실을 줄여서 기온이 급락하는 현상을 막아 준다. 물론 이 서풍 때문에 비가 올 확률은 높아진다. 여름에는 이 구름이 지표면에 그늘을 드리우면서 반대로 온도를 낮추어 주기도 한다.

남풍은 지중해나 심지어 사하라 사막에서 더운 공기를 가져온다. 여름에는 장기간의 혹서를 유발할 수 있으며 특히 겨울에는 폭풍을 동반하는 경우가 많다. 이는 남풍이 중부 유럽을 가로지르는 과정에서 북쪽에서 내려오는 북극 기단을 만나 차가운 공기와 뜨거운 공기가 뒤섞이면서 강력한 충돌을 일으키기 때문이다. 물론 차가운 북풍이 이례적으로 따뜻한 겨울 공기와 만나는 경우에도 동일한 현상이 발생할 수 있다.

동풍이 불면 안정적인 기상 상태와 맑은 날씨를 기대할 수 있다. 여름에 동풍이 불면 매우 따뜻하고 겨울에 동풍이 불면 몹시 춥다. 중간에서 막아 주는 구름이 없다면 각각의 계절은 극단적인 날씨를 보일 것이다.

바람의 방향을 판단하는 데는 고전적인 수탉 모양 풍향계만 한 것이 없다. 십자가 모양의 중심에 고정된 채 회전하는 수탉 모양 풍향계에 달린 네 개의 활대에는 각각 동서남북을 표시하는 글자가 새겨져 있다. 정원이나 지붕에 이런 풍향계를 설치해 두면 항상 바람이 불어오는 방향을 가리키는 수탉이 풍향을 알려 주어 우리에게 날씨를 예측할 수 있게 도와줄 것이다.

하지만 날씨를 결정하는 가장 중요한 요소는 구름이다. 날씨가 좋을지 궂을지는 (물론 날씨가 좋고 나쁨의 기준은 사람마다 다르다) 구름과 구름에 내포된 것 즉 물방울에 의해 결정된다. 주변보다 저기압인 지역이 생성되면 해당 지역의 대기는 (바람을 약간 뺐을 때의 타이어처럼) 글자 그대로 옅어진다. 이 옅은 대기의 수증기가 완전히 흩어지지 않은 채 우리 눈에 보이는 형태의 구름이 된다.

궂은 날씨를 암시하는 초기 전조 현상 중 하나는 이를테면 비행운 같은 인공적인 구름이 보이는 것이다. 이런 인공적인 구름이 사라지지 않고 유지된다는 것은 지금 습도가 올라가는 중이고 저 하늘 어딘가에 저기압 지대가 존재한다는 뜻이다. 머지않아 하늘은 흐려질 것이다.

일반적으로 다음과 같은 경험 법칙도 신뢰할 만하다.

지표면에 부는 바람과 다른 방향에서 구름이 다가오면서 작고 아름다운 뭉게구름을 만들 때는 으레 날씨가 변한다.

하늘에 떠 있는 구름의 색깔만 보고도 우리는 밀도를 구분할 수 있다. 구름은 밀도가 낮을수록 흰색에 가깝게 보인다. 약간의 햇빛이 여전히 구름을 관통하고 있기 때문이다. 반대로 밀도가 높고 두꺼운 구름은 회색으로 보인다. 심지어 검은색으로 보이기까지 한다. 작은 물방울로 이루어진 두껍고 거대한 구름을 단 한 줄기의 햇빛도 통과하지 못하기 때문이다. 구름의 두께가 두꺼울수록 비가 들이닥치는 시간은 빨라질 것이다.

❦❦❦

독수리의 정지 비행

태양 광선이 지구를 덥힐 때면 지표면에서 가장 가까운 공기층도 더워진다. 그 결과 기온이 점차 상승한다. 더운 공기는 찬 공기에 비해서 밀도가 낮기 때문에 상승하려는 성질을 가졌다. 늘 그런 것은 아니지만 더운 공기는 눈에 보이지 않는 튜브 모양의 구조를 형성하며 직경이 몇 미터에서 몇백 미터에 이르기도 한다. 더운 공기가 대기의 상층으로 상승하면 튜브의 가장자리에서 찬 공기가 지표면으로 하강한다. 이러한 현상을 전문 용어로 상승 온난 기류라고 부른다. 이 흥미진진한 현상을 간접적으로 관찰할 수 있는 방법이 있다. 즉 날씨가 맑은 날 이 상

내일 날씨는 어떨까?

승 온난 기류의 최상부에 뭉게구름이 형성되는 것을 볼 수 있는데, 바로 이 지점에서 더운 공기가 냉각되면서 공기 중의 수분이 물방울로 응축되기 때문이다.

동물의 행동을 통해서도 우리는 상승 온난 기류의 존재를 알 수 있다. 독수리가 하늘을 선회하는 모습을 보고 있을 때 우리는 사실상 상승 온난 기류를 보고 있는 것이다. 독수리는 상승 기류를 이용해서 단 한 번의 날갯짓 없이 몇 시간씩 하늘을 난다. 상승 기류를 타고 있는 동안에만 가능한 비행 방식이다. 그리고 상승 기류가 이동하면(구름의 움직임을 통해 알 수 있다) 독수리나 연도 서서히 상승 기류를 따라 움직인다. 철새들은 더운 공기를 이용해서 크게 힘들이지 않고도 고도를 유지한다. 우리는 까마귀들이 상승 기류를 벗어나기까지 대략 15분 동안 갑자기 하늘에서 원을 그리기 시작하는 모습을 자주 볼 수 있다. 그런 다음에는 처음보다 대략 한 층 높이를 더 상승한 상태에서 각자 갈 길을 간다.

궂은 날씨가 오랫동안 지속되는 동안에는 이 모든 현상이 중단된다. 태양이 없으면 상승 기류도 없다. 한 가지 예외는 산비탈에서 일어난다. 비를 머금은 바람이 산비탈과 충돌하면 이때 기단이 위로 상승한다. 그리고 여기에서도 더 높이 날아오르려는 새들을 발견할 수 있다.

강수降水는 두 가지 과정을 통해 만들어진다. 하나는 작은 물방울이 서로 충돌해서 큰 물방울을 형성하는 경우다. 이 과

자연 수업

정은 매우 느리게 진행되며 이로 인해 비교적 오랫동안 이슬비가 내린다. 층운형 구름에서 많이 나타나는 현상이다. 더 큰 빗방울은 적운형 구름에서만 나타나는데 중간 과정에서 얼음 알갱이가 개입한다. 적운형 구름의 상층부는 기온이 매우 낮다. 그래서 여기서는 작은 물방울들이 얼어붙는다. 빙결 현상이 일어나자마자 얼음 결정에는 더욱 많은 물방울이 달라붙고 접촉과 동시에 얼게 된다. 이렇게 커진 얼음 결정은 공중을 떠다니기에는 너무 무거워져서 결국 지표면으로 떨어진다. 내려오는 과정에서 따뜻한 공기와 만난 결정들이 녹고 그 결과 매우 큰 빗방울을 만들어 낸다. 결국, 우리는 빗방울이 클수록 구름이 두껍고 분당 강우량이 훨씬 많다는 결론을 내릴 수 있다.

커다란 빗방울은 하나같이 한때는 얼음 결정이었거나 커다란 눈송이였다. 이 눈송이가 지표면으로 내려오는 과정에서 녹지 않으면 눈이 되는 것이다. 엄밀히 말하면 여름에도 눈이 내릴 수 있다는 뜻이다. 단지 우리에게 도달하기 한참 전에 저 높은 곳에서 이미 녹았을 뿐이다.

눈에 관한 이야기를 조금만 더 하자면, 우리는 눈송이의 크기와 밀도에서 또 다른 사실을 알아낼 수 있다. 기본적으로 눈송이가 작을수록 공기는 더 차가우며 하강 기류가 발생할 확률이 높다. 차가운 공기에는 액체 상태의 수분이 거의 없어서 눈송이가 물기를 흡수하여 크기를 부풀릴 일도

　　　　　　　　내일 날씨는 어떨까?

없기 때문이다.

반대로 눈송이가 크다는 것은 날씨가 온화하다는 뜻이다. 지상에 떨어지기 직전까지 계속 공기 중의 수분을 흡수하면서 점점 덩치를 불린 결과이기 때문이다. 때때로 눈송이가 굉장히 크고 탐스러운 눈이 내리기도 하지만 그 화려함은 그리 오래가지 않는다. 그리고 이런 탐스러운 눈송이들은 일반적으로 많은 물기를 함유하고 있어서, 부드러워 보이는 겉모습과는 달리 심각한 위험을 초래할 수 있다. 나뭇가지나 전깃줄에 내린 눈들은 흘러내리지 않은 채 두껍게 쌓인다. 그리고 이 '축축한 눈'의 누적된 무게를 견디지 못해 나뭇가지가 부러지거나 고압선 철탑과 건물 지붕 전체가 와르르 무너지기도 한다.

눈사람도 날씨 예언자로 이용될 수 있다. 날씨가 비교적 따뜻할 때만 눈이 둥글게 뭉치기에 적당한 점성도를 갖기 때문이다. 그러므로 눈사람을 만들 수 있다는 것은 또 다른 추위가 몰려오지 않는 한 봄이 가까이 다가와 있다는 의미일 수도 있다.

다시 구름 이야기로 돌아가 보자. 지평선에 높은 적운형 구름이 보인다면 조만간 비나 눈이 올 거라는 뜻이다. 이 구름의 꼭대기가 부푼다면, 또는 (높게 솟은 구름의 꼭대기가 갈라지면서) 모루 형태를 이룬다면 천둥과 번개를 동반한 비가 다가오고 있음을 의미한다. 뇌우가 맹위를 떨치기 직전에는 바람이 아마도 태풍 수준으로 세지고 강해질 것이다. 그런 다음 바람이 거의 순간적으로 잦아들면서 폭우가 쏟아진다.

　강우 전선이 지나간 뒤에는 보통 기온이 내려간다. 이는 (비를 몰고 온) 저기압이 온난 전선과 함께 물러가고 그 자리를 한랭 전선이 대신하기 때문이다. 온난 전선과 한랭 전선은 둘 다 비를 부르지만 온난 전선이 지나가고 한랭 전선이 오기 전까지는 일반적으로 잠깐 맑은 날씨를 보인다. 하지만 잠시 맑았던 날씨는 한랭 전선이 완전히 지나갈 때까지 더 이상 좋아질 기미를 보이지 않는다. 즉 저기압이 완전히 이동하기 전까지는 소나기가 계속 되풀이될 것이다.

　안개와 그에 따른 부산물인 이슬과 서리는 특별한 경우다. 공기 중에 이미 습기가 가득해서 수증기가 더는 공기 속으로 흩어질 수 없을 때 안개가 낀다. 찬 공기는 더운 공기와 달리 수분을 많이 머금을 수 없다. 일 년 중 기온이 낮은 계절에 특히 안개가 많이 끼는 이유다. 반면에 여름에는 대체로 시계가 맑다. 덧붙이자면 헤어드라이어의 작동 원리도 이와 같다. 머리카락 주변의 공기가 데워지면서 수분을 흡수하고 머리카락을 말리는 것이다.

　밤에 기온이 급격히 내려가면 공기는 수분을 더는 머금지 못하고 '땀'을 배출한다. 작은 물방울들은 지표면에 누적되어 이슬이 되거나 기온이 영하로 내려가면 서리가 된다. 아침에 정원이나 이웃집 지붕에 이런 현상이 나타나고 여기에 더해서 기온까지 떨어지면, 일반적으로 그날 날씨는 좋다고 장담할 수 있다. 기온이 급격히 떨어지는 원인이 비교적 건조한 공기 때문이고, 공기 중에 여분의 수분이 없으니 구름이 생성되지도 않을 것이기 때문이다. 아늑한 담요 역할을 해 주는 구름이 없는 상태에서 지표면의 기온은 급격히 떨어진다.

날씨를 예언하는 식물

고기압에 의한 좋은 날씨가 지나가고 저기압이 문 앞에 위협적으로 자리를 잡으면 공기 중의 습도가 점차 증가한다. 많은 식물이 이런 변화를 좋아하지 않는다. 다가올 비가 번식에 악영향을 끼치기 때문이다. 많은 종種이 아주 약한 산들바람에도 날아갈 수 있는 솜털을 이용해서 씨앗을 멀리 흩날린다. 하지만 비에 젖은 솜털은 실질적으로 제대로 기능하지 못하고 곧장 땅에 떨어진다. 소나기가 화려하게 핀 꽃들을 모체母體 바로 아래에 떨어뜨림으로써 식물이 새로운 땅을 점령할 기회를 박탈해 버리는 것이다.

소나기는 싱싱한 꽃에 있는 꽃가루에도 영향을 끼친다. 꽃가루가 땅에 떨어지면 벌이 옮길 수 없고 따라서 수정이 이루어질 수 없기 때문이다. 그래서 공기 중에 수분이 증가하면서 비가 올 것 같으면, 어떤 꽃들은 꽃가루를 보호하려는 듯이 꽃잎을 안쪽으로 말아서 경계하는 모습을 보인다.

자연 수업

일례로 이제는 보호종이 된 은엉겅퀴를 들 수 있다. 은엉겅퀴의 커다란 꽃은 장식적인 가치가 특히 높으며 꽃잎을 접는 방식이 정말 인상적이다. 그런 까닭에 오래전부터 사람들은 은엉겅퀴를 '날씨 엉겅퀴'라고 불렀다. 심지어 마른 은엉겅퀴도 날씨를 예측할 수 있는데 이는 엉겅퀴의 반응 자체가 전적으로 기계적인 과정인 까닭이다. 공기 중의 습도가 올라가면 바깥쪽 꽃잎들이 부풀어 오르면서 삐죽하게 솟는다. 그래서 옛날 사람들은 이 꽃을 현관에 걸어 두고 비를 예측하는 데 이용했다.

　　꽃이 날씨 변화에 반응하는 식물에는 용담이나 수련 같은 것들도 있다. 수생 식물이 습도 변화에 반응한다는 사실이 선뜻 이해되지 않을 것이다. 수련만 하더라도 어쨌든 내내 물에서 살아가는 식물이다. 그런데도 이런 꽃들은 다가올 날씨의 변화를 알려 주는 신뢰할 만한 지표다. 반응을 촉발하는 요소가 고기압이나 저기압 같은 압력의 차이인지 아니면 날씨가 흐려지면서 광도가 줄어들기 때문인지는 아직 명확히 밝혀진 바가 없지만 믿을 수 있는 날씨 예언자임은 분명하다. 수련은 비가 올 거라는 사실을 으레 몇 시간 전에 감지하고 꽃잎을 닫는다.

　　하나만 더 예를 들어 보자면 데이지가 있다. 데이지는 사실상 장소를 가리지 않고 잘 자란다. 혹시라도 정원에 아직 데이지가 없다면 정원 한쪽 구석에 심어 볼 것을 강력히

추천한다. 데이지의 노랗고 하얀 꽃들을 한 번만 쓱 보더라도 빨래를 집 밖에 널어야 할지 아니면 집 안에 널어야 할지 판단할 수 있기 때문이다. 조만간 비나 폭우가 내릴 예정이라면 꽃잎이 오므라든 것을 볼 수 있다. 몇몇 꽃잎은 아래로 축 늘어져 있기도 한데 이는 꽃에 단 한 방울의 물도 스며들지 않게 하려는 것이다. 날씨가 맑을 때는 꽃잎이 활짝 열린 상태를 유지한다. 물론 이 모든 반응 기제는 낮 동안에만 기능하며, 밤이 되면 다른 많은 꽃처럼 늘 가게 문을 닫는다.

　데이지의 경우에는 꽃잎을 여닫는 원리가 잘 알려져 있다. 바로 열경성熱傾性 운동이다. 열경성 운동이란 꽃잎 위쪽과 아래쪽의 성장률 차이를 가리키는 말이다. 온도가 높을 때는 꽃잎 위쪽이 아래쪽보다 더 빨리 자란다. 그 결과 따사로운 햇살이 비치는 동안에는 꽃이 벌어지고, 흐리고 비가올 때는 기온이 내려가면서 아래쪽이 더 빨리 성장하기 때문에 꽃잎이 닫히는 것이다. 상대적으로 기온이 낮은 밤에 꽃이 오므라드는 이유도 바로 이 때문이다. 날씨 변화에 언제든 바로바로 반응할 수 있으려면 데이지의 꽃잎은 끊임없이 성장해야 한다. 이 말은 같은 데이지라도 어떤 꽃이 더 오래되었는지 구분할 수 있다는 뜻이기도 하다.

　화려한 날씨 예언자들이라고 해서 모두가 꽃잎을 열었다 닫았다 하는 것은 아니다. 빗속에서도 그들의 소비자에게 꽃가루나 꿀을 개방하는 꽃들도 존재한다. 어쩌면 재배 과정에서 날씨 변화에 대응하는 능력을 잃은 종일 수도 있고, 어쩌면 수분受粉을 목적으로 비를 덜 싫어하는 곤충들을 유혹해서 이점을 취하려는 외로운 늑대들일 수도 있다. 이 세상은 아직 우리가 알지 못하는 것투성이다.

날씨를 예언하는 동물

비에 반응하는 동물 말고도 폭풍우가 닥치기 전에 행동의 변화를 보이는 동물들이 있다. 한 종은 이런 기상학적 특징으로 특히 유명하다. 바로 총채벌레다. 이 곤충은 덩치가 아주 작아서 길이가 1~2밀리미터에 불과하며 보통 천둥파리나 천둥벌레, 폭풍파리 같은 다양한 이름으로 알려져 있다. 총채벌레는 술이 달린 날개를 가졌는데 이 날개의 역할은 사실상 배를 저을 때 사용하는 노에 훨씬 가깝다. 작은 곤충들은 물에서 노를 젓듯이 공기를 헤쳐 나아가기 때문이다. 총채벌레처럼 작은 생물들에게는 공기가 이를테면 인간이 수영할 때 물속에서 느끼는 것만큼이나 저항력을 갖는다. 아울러 그만큼의 부력도 제공한다. 따라서 이 조그마한 생물들은 진정한 의미에서 난다고 할 수 없다. 그들의 행동은 공기 중에서 헤엄치는 것에 더 가깝고 따라서 날갯짓도 상대적으로 완만하다. 더운 산들바람이 불면 더욱 능률적으로 이 식물에서 저 식물로 이동할 수 있기 때문에 그들이 가장 좋아하는 상태는 덥고 습기가 많으며 공기의 흐름이 원활할

내일 날씨는 어떨까?

때다. 딱 폭우를 암시하는 전조 증상이다. 그래서 찌는 듯한 무더위 속에서 차츰 바람이 불기 시작하면 공기 중에 조그마한 벌레들이 떼를 지어서 날아다니는 모습을 볼 수 있다. 이런 모습들이 발견되면 머지않아 폭우가 쏟아질 거라고 예상할 수 있다.

그에 반해 제비는 날씨 예언자로서 논란의 여지가 있다. 흔히 제비가 낮게 날면 비가 올 거라고 한다. 풀 위로 날아다니는 곤충들이 많기 때문이란다. 하지만 연구가들은 혹시라도 둘 사이에 어떤 관계가 존재한다면 오히려 그 반대라는 사실을 발견했다. 즉 바람이 강해지면 제비들은 평소보다 더 높이 날 확률이 높다. 따라서 '제비가 높이 날면 비가 오지 않는다'라는 말만을 믿다가는 자칫 물에 빠진 생쥐 꼴을 면하기 어려울 수 있다.

푸른머리되새는 나름의 독특한 방식으로 우리에게 날씨 변화를 예고한다. 날씨가 변하기 시작하면 울음소리를 바꾸는 식이다. 수놈 푸른머리되새는 평소에 이를테면 '치-칩-치리치리치리-칩-추위오'처럼 들리는 선율로 노래한다. 하지만 이 쾌활한 울음소리는 날씨가 맑을 때만 들을 수 있다. 먹구름이 보이기 시작하거나 비가 오기 시작하면 푸른머리되새는 보다 간결한 선율로 노래한다. 이 새의 이른바 '비 울음소리'는 '라아아치'로 매우 단순하다. 여기에서도 전문가들은 과연 수놈 푸른머리되새의 행동이 날씨 예언자로서 믿을 만한지를 두고 의견이 엇갈린다. 수놈 푸른머리되새는 단지 큰 비가 내릴 때뿐 아니라 불안을 초래하는 다양한 상황에서 자신의 '라아아치' 소리를 내는 것이 분명하다. 나는 푸른머리되새가 우글거리는 낙엽수림에서 많은 시간을 보낸다. 내가 나타나면 나의 존재가 (작은) 위협이 되지만 푸른머리되새들은 그다지 불안해하지 않으면서 예의 '화창한 울음소리'로 계속 재잘거린다. 내가 듣기로 그들이 비 울음소리를 내는 것은 날씨가 변할 때뿐이다. 우리 주변의 되새들이 환경 변화에 따라 울음소리를 바꾸는 것이 얼마나 믿을 만한지는 각자가 직접 판단할 문제다.

날씨를 예언하는 사람?

사람도 물리적인 날씨의 변화를 감지할 수 있다. 이는 전혀 이상한 일이 아니다. 고기압 지역과 저기압 지역을 정확히 구분한다는 것 또한 기압이 상당히 다르다고 느낄 수 있기에 가능한 일이다. 고기압의 뒤를 이어서 저기압이 들어서면 타이어에서 바람이 빠지는 것과 비슷하다. 기압을 측정하는 기압계는 자동차 정비소에 있는 타이어 공기압 측정기와 똑같은 방식으로 작동한다. 지구의 대기 속에서 살아가는 우리는 이를테면 거대한 자동차 타이어 속에 앉아 있는 셈이다.

어떤 사람들은 태생적으로 몸 안에 일종의 기압계를 가

내일 날씨는 어떨까?

지고 있어서 기압이 낮아지면 고통이나 불쾌감을 느낀다. 이런 현상을 가리켜 '날씨 감성'이라고 하는데 학자들 사이에서는 이 문제와 관련해서 아직 의견이 분분하다. 한 이론은 기압이 낮아질 경우, 신체에 있는 세포막의 전도성에 변화가 일어난다고 주장한다. 신경계의 민감성 역치가 낮아지고 그래서 쉽게 고통을 느낀다는 것이다. 의학적으로 문제가 있는 사람들이 특히 기압에 영향을 받는 것 같다.

어떤 전문가들은 이런 증상이 대기의 변화 때문이라고 주장한다. 다시 말해서 따뜻했던 공기가 갑자기 차갑고 눅눅하게 바뀌기 때문이라는 것이다. 아직 많은 것이 밝혀지지 않았지만 그래도 한 가지는 분명하다. 어떤 이들은 육체의 통증으로 날씨가 나빠질 거라는 사실을 인지한다는 사실이다. 기압이 뚝 떨어졌음을 기압계로 확인한 다음에 자신의 몸에 어떤 변화가 일어나는지 주의를 기울여 보라. 아마도 결국에는 기압계가 필요하지 않게 될 것이다.

자연 수업

바람이 불까? 추울까?

지구는 미세한 가스층으로 둘러싸여 있다. 바로 대기다. 대기는 지상의 생명체를 우주와 분리하고, 정의하기에 따라 두께가 약 100킬로미터에 이르기도 한다. 그러나 다른 관점에서 보면 이보다 훨씬 얇기도 한데, 고도가 높아질수록 대기 밀도는 빠르게 감소하고, 고도가 불과 몇 킬로미터만 되어도 인간이 숨을 쉴 수 없을 만큼 희박해지기 때문이다.

이 파괴되기 쉬운 대기는 우주 방사선으로부터 우리를 보호해 준다. 저 멀리 떨어진 별들과 그 밖의 여러 천체, 그중에서도 특히 태양은 끊임없이 지구에 양성자와 원자핵을 퍼붓는다. 이런 치명적인 방사선에 무방비로 노출된다면 우리 인간은 오래 살아남을 수 없을 것이다. 하지만 다행히도 대기가 방사선 대부분을 걸러 준다. 지구의 대기는 또 낮과

밤의 막대한 온도 차이를 완화하는 완충재 역할도 한다. 지구의 동반자인 달은 효과적인 비교 대상이다. 달에는 대기가 존재하지 않고 따라서 완충재가 없다. 그 결과 황량한 분화구 지대에서는 밤이 되면 기온이 영하 160도까지 곤두박질치면서 모든 것을 꽁꽁 얼려 버리다가도, 낮이 되면 믿기 어려울 정도인 영상 130도까지 치솟는다.

지구의 대기는 21퍼센트의 산소를 포함하고 있다. 산소는 매우 공격적인 가스다. 어쩌면 우리는 모든 생명체에 산소가 꼭 필요하다는 사실을 당연하게 받아들이지 말아야 할지도 모르겠다. 어쨌든 산소 없이 오직 수증기와 이산화탄소만으로 '숨을 쉬던' 시절도 있었기 때문이다. 당시는 아직 고등 생명체가 등장하기 전이었고 시아노박테리아가 지구를 점령한 채 원시 대기 속에서 그럭저럭 잘 지내고 있었다. 적어도 그들이 내뱉은 가스, 즉 산소가 모든 공기를 오염시키기 전까지는 그러했다. 박테리아에게는 불리하지만 그 밖의 생명체에게는 유리한 변화였고, 이때부터 모든 생명체는 새로운 환경에 적응해서 고등 생명체로 지속적인 진화를 거듭해 왔다. 지난 24억 년 내내 이런 식의 진화가 계속 진행되었는데도 불구하고 지구 한쪽의 보이지 않는 곳에서는, 예컨대 대양의 깊은 바닷속에서는 몇몇 박테리아들이 산소 대신에 여전히 수소와 유황을 호흡하면서 살고 있다.

산소의 공격성에 대한 증거는 정원에서도 발견된다. 산

소는 괭이나 삽 등에서 쇠로 된 부분을 공격해서 녹슬게 한다. 아울러 수많은 암석에도 철 성분이 포함되어 있으며 마찬가지로 산화 작용이 일어난다. 특정 지역의 돌이나 모래가 붉은색을 띠는 것은 바로 이 때문이다.

공기는 또한 동물과 식물의 중요한 이동 경로다. 식물의 씨앗은 바람을 타고 새로운 지역으로 날아가며, 대기는 벌레를 사냥할 때만큼이나 장거리 여행을 할 때도 새들에게 유리한 생태적 지위를 부여한다. 거의 평생을 하늘에서 지내면서 둥지를 찾을 때만 땅으로 내려오는 종들도 있다. 예컨대 유럽칼새는 때때로 몇 개월씩 쉬지 않고 비행한다. 한번에 불과 몇 초에 불과하지만 잠도 날면서 잔다.

공기는 전혀 다른 차원의 문제에서도 근본적인 역할을 한다. 바로 날씨다. 극지방과 적도 지방의 기온 차이 때문에 지구에는 더운 기단과 찬 기단 사이에서 끊임없는 교류가 일어난다. 여기에 더해서 지구의 자전이 굴절과 가속을 초래하기 때문에 기단은 끊임없이 이동한다. 이들 기단은 안에 수증기를 머금은 채 이동하는데 바다나 숲에서 머금은 수증기를 수천 킬로미터 떨어진 곳까지 가져가서 강수의 형태로 쏟아 낸다. 유럽에서 사람들이 좋아하는 기후와 정기적으로 내리는 비는 바다와 관련이 있다. 비구름은 보통 서쪽의 대서양에서 만들어져서 동쪽으로 이동한다. 수증기로 변한 바닷물은 들과 숲에 생명을 불어넣고 강과 호수에 물을 채워 준다. 이처럼 수증기를 운반하는 일은 오직 기단의 이동에 따라, 즉 바람에 의해서만 가능하다.

풍속 측정

나는 세상에 나와 있는 기상 장치들을 접할 때 오늘날 우리 인간이 보유한 기술력에 깜짝깜짝 놀란다. 백화점에 가면 진열되어 있는 가정용 전자 기상 관측 제품들을 경이로운 마음으로 빤히 쳐다보기 일쑤다. 이런 제품들은 풍속을 측정할 수 있을 뿐 아니라 관련 자료를 무선으로 집 안에 있는 컴퓨터로 전송해 준다. 이런 시대에 정원의 현재 기상 상태를 확인하려고 굳이 집 밖으로 나갈 필요가 있을까? 글쎄다. 이런 장치들이 대기 온도를 측정해서 믿을 만한 측정값을 제공할지는 몰라도 강우량이나 풍속과 관련해서는 정확도에 한계가 있다. 어찌 되었든 이런 장치들은 정확히 한 지점에서 일어나는 현상만을 파악하기 때문이다. 불과 10~20미터 남짓 떨어진 정원의 다른 한쪽에는 상황이 사뭇 다를 수 있다. 특히 폭풍이 부는 경우에는 자주 난기류를 동반하기 때문에 아무리 가까운 거리라도 상당한 차이를 보일 수 있다. 회오리바람은 좁은 길을 따라 춤을 추듯이 움직이면서 길 위에 있는 모든 것에 강력한 충격을 주지만 바로 옆이라도 이동 경로에서 벗어난 주변에는 거의 아무런 충격도 주지 않는다. 지난 7월에 이런 폭풍 전선이 내가 관리하던 보존 지역을 휩쓸었다. 작은 회오리바람이 이는가 싶더니 1헥타르에 달하는 숲을 휩쓸고 지나가 순식간에 사라졌다. 회오리바람이 매우 보기 드문 현상이라면 그 동생 격인 난기류는 정원을 가진 사람이라면 일상적으로 만날 수 있는 기상 현상이다.

결국 가정용 풍속계만으로는 정원의 최고 풍속을 측정하기 어렵다. 차라리 정원을 구석구석 살펴서 스스로 판단하는 편이 훨씬 효과적이다. 나무가 지표로서 가장 적합하겠지만, 분재 식물이나 파라솔도 지표로서 나쁘지 않다. 우리는 정원의 다양한 지표를 이용해서 우리만의 풍력 계급을 설정할 수 있다.

국제적으로 인정되고 수많은 웹 사이트에 나와 있는 보퍼트 풍력 계급은 풍속을 일상용품과 정원에 있는 물품들에 미치는 바람의 충격 정도에 따라 정의되는 '풍력' 등급으로 분류한다. 예컨대 보퍼트 풍력 계급에서 풍력 6등급(풍속이 시속 39킬로미터에서 49킬로미터에 이르는 된바람)은 우산을 사용하기 어려운 상태로 설명된다. 이 같은 설명을 참조하면 우리가 있는 곳의 풍속을 정확히 판단하는 데 도움을 받을 수 있다.

반면에 일기 예보에서 알려 주는 정보는 넓은 지역에 적용되기 때문에 우리 지역의 상황과 딱 들어맞지 않을 수 있다. 집 밖의 풍속은 집이 노출되거나 격리된 정도에 영향을 받는다. 이를테면 집이 나무들이나 다른 집들에 둘러싸여 있는지에 따라서 풍속이 달라진다. 그러므로 직접 관찰을 해서 자기 집 주변 상황을 고려하여 일기 예보를 해석하는 능력을 갖추는 것은 충분히 가치가 있는 일이다. 예컨대 여러분의 정원이 바람을 막아 주는 언덕의 어느 한 지점에 자리 잡고 있다고 가정해 보자. 위에 설명한 보퍼트 풍력 계급을 바탕으로 여러분은 언덕 뒤편에 자리한 덕분에 폭풍의 위력이 일기 예보에서 예상한 것보다 매번 한두 등급 정도 낮다는 사실을 알게 될 것이다. 일단 한 번만 이런 상관관계를 정립해 놓으면 다른 일기 예보에도 이를 적용할 수 있을 뿐 아니라 다가올 폭풍이 우리 집 정원에 미칠 위험을 보다 정확하게 판단할 수 있다.

이제부터 소개할 경험 법칙은 기억해 둘 만하다. 보퍼트 풍력 계급으로 6등급이 되면 지금 있는 자리에 단단히 고정된 상태가 아닌 한 정원의 장식물이나 화분 등을 안전한 곳으로 옮겨야 한다. 파라솔도 접어 두어야 한다. 8등급이 되면 나무 밑에 서 있는 것도 위험하다. 죽은 나뭇가지가 부러지면서 덮칠 수 있기 때문이다. 숲속을 산책하는 것은 다음 기회로 미루어야 하겠지만 목초지처럼 사방이 탁 트인 장소라면 자연의 원초적인 힘을 직접 느껴 보는 매우 흥미진진한 경험을 할 수 있다. 10등급부터는 돌풍이 시속 95킬로미터까지 불 수 있고 특히 가문비나무를 비롯해 미루나무처럼 뿌리가 약한 나무들이 뿌리째 뽑혀 넘어질 수 있기 때문에 집 안에 안전하게 머무는 편이 좋다. 이런 상황은 사람에게 직접적인 위협을 가할 수 있을 뿐 아니라 도로에도 피해를 주어서 심각한 교통 혼란을 초래할 수 있다.

내가 관리하는 숲의 폭풍 피해를 가늠하기 위해 나는 나만의 개인적인 교정 등급을 가지고 있다. 언제나 강풍이 한바탕 휩쓸고 간 다음에는 (당연하지만 강풍이 부는 중에는 절대로 하지 않는다!) 유독 바람에 노출된 산등성이로 이어지는 숲길을 따라 걸으면서 혹시라도 쓰러진 전나무가 있는지 확인한다. 현장에 아무 일도 일어나지 않았다면 바람의 위력은 무해한 범위 이내였다는 의미다. 반대로 쓰러진 나무들이 길을 막고 있다면 숲의 다른 길도 비슷한 상황일 거라고 짐작할 수 있으며, 따라서 숲 전체의 피해 상황을 확인해야 한다. 쓰러지거나 기울어진 나무들을 안전하게 정리하기 전까지는 이 지역을 하이킹하는 것도 금지될 것이다.

그 모든 일기 예보에도 불구하고 불확실성은 늘 존재한다. 결국, 가장 중요한 요소는 위험의 평균치가 아니라 실제로 우리 집 정원을 덮칠 가장 강력한 돌풍이 어느 정도의 위력인가 하는 점이다. 당연히 개별적인 돌풍은 예보된 평균치보다 훨씬 격렬할 수 있다. 혹시 하루 종일 집을 비워 둘 계획이라면 일기 예보에서 바람이 비교적 잔잔하게 불 거라고 하더라도 충분한 예방 조치를 취해 두는 편이 바람직하다.

　　　　　　바람이 불까? 추울까?

이상적인 기온과 자연의 온도계

인간이 생존하기 위해서는 대기 온도가 일정한 범위 안에 들어야 한다. 전 세계적으로 가장 극단적인 기온은 영상 70도(이란 남동부)와 영하 72도(시베리아)다. 독일에서 기록된 최고 기온은 프라이부르크의 영상 40도이고 최저 기온은 알고이 푼텐 호수의 영하 45도다. 인간은 건조하고 기온이 영상 21도 정도를 유지할 때 대체로 가장 편안함을 느끼는 경향이 있다. 이와 같은 선호도는 우리 인간의 진화론적인 과거에 비추어 보았을 때 아프리카의 사바나와, 즉 최초의 인류가 탄생한 기후대와 관련이 있다.

대기 온도를 알고 싶으면 벽에 걸린 온도계를 보면 되지만, 온도계에 표시된 온도가 우리가 실제로 느끼는 바를 정확하게 알려주지는 못한다. 인간의 온각溫覺은 이를테면 습도처럼 다른 여러 가지 요소들로부터 영향을 받기 때문이다. 온도가 같더라도 습도가 높을수록 우리는 더 춥게 느낀다. 물은 공기보다 훨씬 뛰어난 전도체라, 체온을 훨씬 더 빨리 빼앗아 가기 때문이다. 나는 집에서 너무 춥거나 덥다고 느끼는 경우에만 온도 조절 장치의 화면을 보는 편이다. 다시 말해서 난방을 할지 말지를 스스로 판단한 다음에 내 판단을 확인하기 위한 용도로만 온도계를 이용하는 편이다.

동물이나 식물은 애초에 온도계 같은 보조 장치가 없기도 하지만 나의 경우처럼 아예 필요하지도 않다. 우리와 마찬가지로 모든 동식물은 그들의 행동을 결정하는 온도 감지기를 가졌다. 따라서 우리는 그들의 행동을 보고 바깥 기온을 유추할 수 있다.

우리 주변에 존재하는 생물학적 온도계의 가장 낮은 눈금부터 시작해 보자. 기온이 영하인지 확인하기 위해 다른 단서는 필요 없다. 물웅덩이나 빗물 통이 얼었는지 힐끗 보기만 하면 우리가 알고자 하는 정보를 단번에 확인할 수 있다.

기온이 섭씨 0도보다 높은지 확인할 때는 특정 곤충의 도움을 받을 수 있다. 겨울깔따구로도 알려진 겨울각다귀다. 겨울각다귀가 어떻게 사는지는 아직까지 별로 알려진 바가 없다. 덩치가 매우 큰 모기처럼 보이지만, 사람을 물지 않는다는 정도만 알려져 있다. 겨울각다귀의 피 속에는 일종의 생물학적 부동액이 들어 있어서 추위의 영향을 덜 받는다. 또한 키틴질로 된 어두운 색깔의 외골격과 날개 덕분에 약한 겨울 햇살에도 빠르게 몸을 데울 수 있다. 이 때문에 섭씨 0도가 겨우 넘는 2월에도 작은 군집을 이룬 채 화단 위에서 윙윙거리는 모습을 볼 수 있다.

온도가 영상 5도를 넘어서면 두꺼비와 개구리가 여기저기로 이동하는 모습을 볼 수 있다. 이렇게 기온이 낮고 눅눅한 봄이나 가을 밤에는 길에서 이들 이주민을 만날 수 있다.

자연계의 방한 대책

기온이 영하로 떨어지면 많은 동물에게 문제가 생긴다. 포유류와 조류는 대량의 에너지를 소모하는 체내 연소 과정을 통해 체온을 일정하게 유지한다. 그 때문에 가을이 되면 몸에 적절한 지방층을 형성하거나 겨우내 충분한 음식을 섭취해야 한다. 특히 많은 어린 동물이 겨울을 넘기지 못한다는 점에서 겨울은 자연에서 가장 가혹한 도태가 진행되는 시기이기도 하다. 어떤 종들은 얼어 죽지 않으려고 0도보다 겨우 몇 도 높을 정도로 체온을 낮춘 채 겨우내 동면을 한다.

양서류나 곤충 같은 냉혈 동물들에게는 이런 선택권이 없다. 그들의 체온은 무자비할 정도로 주변 공기의 온도와 비슷하게 떨어진다. 냉혈 동물은 그들이 마음대로 사용할 수 있는 보호 대책이 없는 한, 기온이 0도로 떨어지는 순간 몸 안의 세포가 완전히 파괴되고 만다. 따라서 세포가 얼지 않도록 예방하기 위해 다양한 전략을 사용한다. 한 가지 방법은 여러 유기 조직의 크기를 줄이는 것이다. 기온이 영하로 내려갈 때 물은 예컨대 먼지처럼 아주 작은 입자를 중심으로 결정을 이루면서 얼음으로 변한다. 그런데 몸속에 흐르는 체액의 용적이 작아질수록 체액 안에 내포된 입자나 핵도 작아진다. 이런 원리로 작은 진딧물은 그들의 피 속에 특별한 방한 대책을 마련하지 않고도 영하 20도 이하의 낮은 온도에서도 살아남을 수 있다. 반면에 무당벌레나 파리 같은 벌레 왕국을 대표하는 좀 더 덩치가 큰 생물은 다른 해법을 찾아야 한다. 그들은 가능한 한 얼음이 맺힐 수 있는 핵의 양을 줄이기 위해 몸 안의 위장을 비우지만, 그래도 몸에서 완전히 수분을 제거하지는 못한다. 이것이 그들이 무색의 끈끈한 액체이면서 체액의 빙점을 확 내려 주는 물질인 글리세롤을 만들어 내는 이유다. 양서류 같은 덩치가 더 큰 동물들은 겨울을 나기 위해서 깊은 땅속이나 물속의 따뜻한 장소를 찾아 숨어야 한다. 아무리 동파 방지 수단이 있더라도 몸이 얼 수 있기 때문이다.

우리에게 친숙한 꿀벌은 매우 다른 접근법을 취한다. 모든 꿀벌이 한곳에 모여 중심부의 온도를 25도로 유지하면서 월동 봉군으로 알려진 무리를 이루는 방식이다. 이를 통해 꿀벌들이 왜 그토록 많은 꿀을 생산하는지도 알 수 있다. 이런 식으로 집단 겨울 난방을 유지하기 위해서는 막대한 양의 에너지가 필요하기 때문이다.

최근에 나는 곤혹스러운 경험을 했다. 4월 들어서 하늘은 눈부실 만큼 파랗고 과실수들이 꽃을 활짝 피웠는데도 벌이 보이지 않은 것이다. 사방에 만발한 꽃들이 제공하는 많은 것을 누리는 종이라고는 그나마 호박벌이 유일했다. 호박벌은 기온이 영상 9도를 넘어가는 순간부터 꿀을 채취하기 시작한다. 지난봄 어린 사과나무들을 보면서 내심 풍성한 수확을 기대하던 차에, 정작 꽃가루 매개자들이 보이지 않자 걱정이 앞섰다. 이 문제를 해결하기 위해 나는 서둘러 두 통 분량의 꿀벌을 구매했다. 하지만 나는 양봉에 대해서 좀 더 잘 알게 되고 나서, 꿀벌들이 영상 12도는 되어야 벌통에서 나온다는 사실을 알게 되었다. 말하자면 날씨가 조금 더 따뜻해지기를 기다리기만 하면 될 일이었다. 때가 되면 알아서 벌들이 날아들었을 터였다.

몇몇 종에게는 이 기온이라는 것이 마법의 문지방처럼 작용하는 듯하다. 이를테면 바람에 흔들리며 파도가 치는 듯한 한여름의 목초지나 풀로 뒤덮인 초원은 메뚜기와 귀뚜라미의 서식지이며 이들 곤충은 실제로는 마찰음인 것으로 밝혀진 울음소리로 오케스트라 연주를 들려준다. 하지만 이런 음악적 파노라마에는 결코 정해진 일정이 없다. 그들이 실제로 매력적인 소리를 내기 위해서는 기온이 최소한 영상 12도가 되어야 하기 때문이다. 기온이 이보다 낮으면 이들 작은 음악가들의 연주는 좀처럼 들을 수 없다. 냉혈 동물인 메뚜기는 스스로 체온을 조절하지 못하기 때문에 사실상 기온이 따뜻할 때만 움직일 수 있다. 기온이 올라갈수록 움직임은 빨라지고 그 결과 다리와 날개를 더 빠르게 마찰시켜 유형별로 특유의 울음소리를 낸다. 기온에 따라 만들어 내는 소리의 주파수도 달라진다. 날씨가 따뜻할수록 고음을 낸다.

외부 온도가 가장 적절한 체온인 35도보다 높아져도 벌

자연 수업

은 집 안에 머무른다. 날아다닐 때 부가적인 열이 발생하여 체온이 금방 과열되기 때문이다. 그러므로 이를 통해서도 우리는 기온이 얼마나 높은지를 가늠할 수 있다.

바람이 불까? 추울까?

비와 눈과 우박

지구는 푸른 행성이라고도 불린다. 우주 비행사들이 우주에서 지구 사진을 찍어 보내기 시작했을 때 사진 속 지구는 흰 줄무늬가 들어간 파란색 구체로 보였다. 대륙은 군데군데에 박힌 몇 개의 갈색 조각에 지나지 않았다.

물론 전혀 새로운 사실이 아니다. 하지만 우주에서 바라다본 우리의 새로운 시점은 지구가 실제로 얼마나 물이 많은 행성인지를 극명하게 보여 주었다. 지표면의 70퍼센트 이상이 바다와 대양으로 뒤덮인 가운데 나머지 29퍼센트를 이루는 대륙은 사실상 섬에 불과하다.

생명을 유지하는 데 꼭 필요할 뿐 아니라 우리 행성에 넘쳐나는 물은 더러운 눈덩이 같은 형태로 우주를 여행하다가 갑자기 진로를 바꾸어 지구와 충돌한 혜성들에서 비롯되었을 가능성이 높다.

액체 상태의 물은 모든 생명체에 꼭 필요하다. 반면에 고체나 기체 상태의 물은 생명체에 적대적일 수 있다. 그리고 (천문학적으로 말하자면) 빙점과 비등점 사이의 온도 구간이 매우 좁다는 점에서 지구가 태양과 딱 필요한 만큼 거리를 유지하고 있다는 사실은 우리에게는 정말 다행한 일이다.

하지만 다른 행성의 생명체도 정확히 이런 환경에서만 생존할 수 있는 것은 아닐 것이다. 우주의 다른 곳에서는 다른 액체가 (당연히 다른 온도 구간에서 액체 상태를 유지하며) 지구에서 물이 수행하는 것과 같은 역할을 수행할 거라고 충분히 생각해 볼 수 있다.

그렇지만 태초에 혜성들이 소나기처럼 쏟아진 까닭에 비의 형태로 내리는 H_2O는 이제 지상의 모든 생명체에게 꼭 필요한 요소가 되었다.

비가 없으면 인간도 없다

정원의 생명체들에게 물은 묘약과 같은 것이다. 식물은 필요하다면 흙이 없어도 살 수 있지만, 물이 없이는 살 수 없다. 정원에 있는 식물들의 성장은 연간 총강수량에 지대한 영향을 받는다. 생기를 되찾아 주는 비는 하늘에서 내리기 전까지 으레 먼 길을 여행해야 한다. 먼바다 위에서 수증기는 태양열을 받아 대기 중으로 흡수된 다음 대륙 상공의 온도가 보다 낮은 공기층에서 응축되고 강수의 형태로 지상에 떨어진다. 이런 과정을 보면 비는 액체 상태의 햇빛이라고도 할 수 있다.

하지만 지구에 내리는 소나기는 하나같이 화학적으로 순수한 H_2O가 아니다. 아울러 공기 중에 떠다니는 꽃가루나 흙먼지, 산성 입자 등 온갖 종류의 물질을 지상으로 가지고 내려옴으로써 공기를 정화하고 각종 영양분으로 (또는 오염 물질로) 토양을 기름지게 만든다.

멀리 있는 풍경을 한번 바라다보라. 비가 대기를 '대청소'하고 나면 햇살이 먼지 입자들에 가로막히면서 희뿌옇게 보이는 현상이 사라지기 때문에 훨씬 멀리까지 선명하게 볼 수 있다.

비는 얼마나 내려야 충분할까?

북반구 중위도 지역에서 물은 건강한 정원을 가꾸고 수확에 성공하는 데 결정적인 요소다. 물론 기온도 매우 중요하지만 모든 식물은 어느 정도의 물이 있어야 살 수 있다.

지하수는 주로 겨울에 보충된다. 가을과 겨울에 비가 충분히 내리면 지하 저수지는 철철 넘칠 정도로 가득 찬다. 일반적으로 땅속에서 물을 흡수하는 식물들은 겨우내 휴면기에 들어가서 더 이상 물을 흡수하지 않는다. 토양이 머금

비와 눈과 우박

지 못하는 물은 보다 깊은 곳으로 흘러들어서 지하수가 된다. 그런 점에서 일 년의 절반이 상대적으로 춥고 '나쁜' 날씨인 것도 마냥 나쁜 일만은 아니다. 따뜻한 계절에는 많은 식물이 하늘에서 공급되는 양보다 더 많은 물을 소비하고, 그래서 갈증을 해소하기 위해 이런 지하수에 의존한다.

그렇다면 비는 어느 정도 내려야 충분한 걸까? 정답을 말하기가 쉽지 않은 질문이다. 첫째로 우리는 기후를 고려해야 한다. 즉 습윤 기후인지 건조 기후인지를 따져야 한다. 일 년치 평균을 냈을 때 습윤 기후에서는 다시 증발하는 양보다 많은 비가 내린다. 건조 기후에서는 그 반대다. 즉 전체적인 증발량이 강수량보다 많다. 때로는 습윤 기후와 건조 기후의 경계에 걸쳐 있는 과도적 기후인 건조 한계도 있다. 다행히 중부 유럽은 대체로 습윤대에 위치한다. 일부 지역들은 몇 달씩 건조한 기후를 보이기도 하지만 말이다.

기본적으로 증발하는 양보다 많은 비가 내리는 것이다. 하지만 그것만으로는 충분하지 않다. 강수량 중 얼마나 많은 양이 토양의 상층부에 저장될 수 있느냐는 또 다른 문제이기 때문이다. 어쨌거나 식물이 여름에 물을 끌어다 쓸 수 있는 곳도 바로 그곳이다. 예컨대 모래흙은 보다 깊은 층으로 많은 물을 흘려보내는데, 이는 지하수가 그만큼 잘 채워진다는 뜻이기도 하지만 많은 강수량에도 불구하고 식물이 금방 마를 수 있다는 뜻이기도 하다. 반대로 양토壤土는 많은 수분을 머금을 수 있고 비가 적게 내리는 시기에도 식물이 오랫동안 물을 흡수할 수 있다.

독일의 연 강수량은 지역에 따라 500에서 1,800밀리미터 사이인데, 이는 평방미터당 500에서 1,800리터의 비가 내린다는 뜻이다. 우리가 사는 동네의 연간 강수량을 알기 위해서는 집에서 가까운 기상 관측소의 기록을 이용할 수 있다. 약간의 차이는 나겠지만 정원을 가꾸는 데 유의미한 자료가 될 수 있을 것이다. 소나기가 올 때마다 빠짐없이 기록하기 위해 우량계를 설치하는 것도 충분히 가치가 있다. 플라스틱 원기둥 형태로 된 이 우량계에는 눈금이 표시되어 있으며 각각의 눈금은 1제곱미터당 1리터의 강수량을 의미한다.

이제 정원에 얼마나 많은 비가 내리는지 정확히 알게 되었더라도, 물이 충분히 공급되고 있는지를 알기에는 아직 부족하다. 마지막으로 고려해야 할 요소가 하나 더 있기 때문이다. 바로 식물 그 자체다.

물은 마치 우산처럼 잎으로 약간의 비를 머금는다. 비율을 따지자면 비가 적게 내릴수록 보다 많은 빗방울이 잎 표면에 갇힌 채 지상에 닿지 못한다. 즉 비가 많이 내려야만 잎이 머금고 남은 빗방울이 땅을 적실 수 있는 것이다. 전문용어로 '가로채기'라고 하는 이 우산 효과는 식물의 종류에 따라 달라진다.

우산 효과가 가장 큰 표본 식물로 이야기를 시작해 보자. 바로 상록수이자 침엽수인 가문비나무다. 가문비나무의 수관은 매우 빽빽해서 1제곱미터당 10리터에 달하는 소나기가 내려도 땅에 도달하는 물이 거의 없을 정도이다. 해가 나면 잎이 머금은 물은 원래 있던 공기 중으로 다시 증발한다. 빗물이 토양도 적셔 주었을 거라고 안심할 수 있는 경우는 우량계가 10리터보다 훨씬 많은 비가 왔다고 알려 줄 때뿐이다. 하지만 침엽수 아래의 땅에는 으레 두 번째 장벽이 존재한다. 보통 가문비나무나 소나무 아래에는 낙엽이 양탄자처럼 깔려 있고 이 양탄자는 두께에 따라 다르지만 낙수의 3분의 1 정도를 흡수한다. 결국 이런 나무들 아래는 이래저래 토양이 몹시 건조할 수밖에 없다. 같은 맥락에서 가문비나무나 소나무가 강우량이 많아서 최적의 서식 환경을 갖춘 독일의 최북단 지역에서만 자생한다는 사실은 전혀 놀랄 일이 아니다.

잎이 넓은 활엽수는 수관 사이로 훨씬 많은 빗물을 흘려보낸다. 특히 겨울에는 앙상해진 가지들 사이로 빗물이 거의 무사통과한다. 나무 아래에도 낙엽이 그다지 두껍게 쌓이지 않는다. 침엽수에 비해 활엽수의 낙엽이 훨씬 빨리 썩기 때문이다.

식물계의 난쟁이들인 풀과 이끼를 한번 살펴보자. 풀은 1제곱미터당 몇 리터에 불과한 비교적 약한 소나기에도 빗물을 땅까지 통과시키지만 이끼는 마치 스펀지처럼 대부분의 빗물을 흡수한다. 가문비나무와 마찬가지로 이끼는 빗물을 대기로 돌려보내면서 1제곱미터당 10리터가 넘는 수준의 소나기만 통과할 수 있는 일종의 장벽 역할을 한다.

취수를 위한 최적의 환경은 식물이 없는 노지일 것이다. 비가 오면 오는 대로 곧바로 땅에 떨어지기 때문이다. 하지만 이런 환경은 침식 방지 차원에서 바람직하지 않다. 다행히도 이에 대한 타협점으로 취수를 촉진하는 식물도 존재한다. 혹시 장군풀이 왜 그처럼 큰 깔때기 모양의 잎을 가졌는지 고민해 본 적이 있는가? 비가 올 때 그들에게 어떤 일이 일어나는지 한번 살펴보라. 그러면 보다 어리고 곧추선 잎자루들이 빗물을 받아서 뿌리가 있는 아래로 내려보내는 모습을 볼 수 있을 것이다. 서양민들레 같은 다른 많은 종에서도 동일한 현상을 관찰할 수 있다.

이론적으로 잎사귀는 맨땅에 또 다른 이점을 제공한다. 물이 떨어지는 속도를 늦추어서 보다 균일하게 분산되도록 하는 것이다. 낙엽수림에서는 이런 현상이 특히 두드러진다. 속담에도 있듯이 숲속에서는 어쨌든 비가 두 번 내린다. 진짜 소나기가 한 번 내리고 나면 이후 몇 시간 동안은 바람에 잎사귀가 흔들릴 때마다 빗물이 떨어진다. 많은 양의 비도 이런 식으로 시간차를 두고 지상에 도달하는 덕분에 흙은 본연의 흡수 용량을 초과하지 않으면서 차근차근 빗물을

비와 눈과 우박

흡수할 수 있다.

따라서 같은 소나기라도 토양의 유형과 그곳에서 자라는 식물에 따라 완전히 다른 결과를 가져올 수 있다.

정원에 충분한 물이 공급되고 있는지를 최종적으로 판단하기에 앞서 물의 양에 관한 내용을 정리하자면 이렇다. 1제곱미터당 10리터라고 하면 상당히 많은 양처럼 들릴뿐더러 실제로도 이 정도 양이면 충분히 효과적이다. 물이 가득 찬 물뿌리개 한 통과 비슷한 양이기 때문이다. 이 정도면 무더운 여름에도 정원의 식물들이 일주일은 거뜬히 지낼 수 있다. 물론 일주일 뒤에는 다시 물을 보충해 주어야 한다. 하지만 침엽수 한 그루가 화단에 그늘을 드리운 상태라면 동일한 양의 물이라도 뜨거운 돌에 물 한 방울이 떨어진 것과 다름없는 효과를 보일 것이다.

이런 이유로 비가 온 다음에는 매번 우량계 안의 빗물을 빼 주어야 한다. 여러 번에 걸쳐 내린 빗물의 양을 합쳐서 계산하면 상황을 오판할 수 있기 때문이다. 예를 통해서 보면 문제는 더욱 분명해진다. 두세 시간의 시차를 두고 1제곱미터당 7리터에 달하는 소나기가 두 차례 온 경우에 이들 소나기는 하나같이 침엽수의 수관에 갇혀 지상에는 단 한 방울의 물도 내려보내기 어려울 수 있다. 반면에 1제곱미터당 14리터에 이르는 한 번의 폭우가 내린 경우에는 약 4리터의 빗물이 실질적으로 흙까지 도달할 수 있다.

알다시피 우리는 비와 관련해서 원하는 모든 기록을 수집할 수 있다. 하지만 정원에 있는 어떤 식물 때문에 빗물이 흙까지 도달하는 데 방해를 받는 상황이라면 이런 기록은 아무런 소용이 없다. 그럼에도 정원의 흙에 충분한 물이 공급되고 있는지 여부를 확인할 수 있는 아주 간단한 비결이 하나 있다. 바로 맨땅이 드러날 때까지 부식토를 파헤쳐 보는 것이다(대체로 부식토는 두께가 1~2센티미터에 불과하다). 그런 다음 검지와 엄지로 흙을 집어서 눌러 본다. 흙에 찰기가 있으면 수분이 충분하다는 뜻이다. 반대로 손가락을 떼자마자 흙이 부서진다면 너무 건조한 것이다.

이런 찰기 검사는 잔디밭이나 화단이나 나무 아래 등 여러 곳에서 실시할 수 있다. 비가 온 다음은 물론이고 건조기에 하루 중 다양한 시간대와 환경에서 규칙적으로 검사를 해 보면, 정원에 어느 정도의 물이 필요한지 대략 감을 잡을 수 있다. 여기에 더해서 우량계까지 이용한다면 정원의 흙이 바짝 마르기 전에 얼마나 많은 비가 와야 하는지, 부족한 물을 보충하기 위해 직접 물뿌리개를 들고 나서야 할지 말지를 금방 가늠할 수 있을 것이다.

정원의 숨은 영웅 민달팽이

많은 양의 비가 내릴 때마다, 달팽이와 민달팽이는 광란의 질주를 시작한다. 인정한다. 텃밭을 가꾸는 사람들이 으레 그렇듯이 나는 내 텃밭의 달팽이들을 그다지 좋아하지 않는다. 새로 심은 호박이나 양배추 모종이 불과 며칠 만에 사라지거나 허브를 비롯한 여러해살이 식물들(심지어 비교적 큰 관목들까지)이 새잎을 틔우자마자 갉아먹힐 때면 이 무척추동물들에 대한 나의 사랑은 엄중한 시험에 든다. 하지만 나는 그들을 싸워 물리쳐야 할 적으로 간주하지는 않는다. 단지 화단에 있는 녀석들을 정원의 다른 한쪽으로 이주시킬 뿐이다.

다른 모든 생물과 마찬가지로 달팽이와 민달팽이도 생태계 안에서 그들 나름의 자리가 있다. 녀석들은 버섯 포자를 몸에 묻힌 채로 질질 끌고 다니면서 버섯을 퍼뜨리는 데 도움을 줄 뿐 아니라 고슴도치는 물론이고 반딧불이 유충과 도마뱀, 개똥지빠귀를 비롯한 다른 수많은 종의 저녁 식사가 되어 준다. 민달팽이를 오로지 골칫거리로만 여긴 채 민달팽이 퇴치 약이나 맥주를 이용한 함정으로 사냥한다면 녀석들을 잡아먹고 사는 포식자들도 덩달아 경을 치게 될 것이다.

게다가 뜻하지 않게 붉은민달팽이 같은 희귀종을 죽일 위험도 있다. 붉은민달팽이가 희귀종이라고? 사실이다. 한때 매우 흔했던 붉은민달팽이는 최근 들어 개체 수가 계속 줄어들고 있지만, 매우 비슷한 외모에 여전히 흔히 볼 수 있는 경쟁자 때문에 멸종 위기에도 불구하고 그다지 관심을 받지 못하고 있다. 경쟁자는 스페인 민달팽이라는 다소 오해의 소지가 있는 이름을 가졌지만 실제로는 프랑스 출신이며 오늘날 유럽 전역에 퍼진 채 재래종을 대체하고 있는 녀석이다. 스페인 민달팽이는 빠른 번식력을 바탕으로 1제곱미터당 여러 마리가 공생하는 높은 개체 밀도를 갖는다. 쓴맛이 나는 점액질도 고슴도치나 그 밖의 포식자가 녀석들로부터 눈을 돌리도록 만들어서 생존율을 높여 준다. 공교롭게도 스페인 민달팽이는 갈색부터 오렌지색에 이르기까지 다양한 색상으로 존재하고 그래서 붉은민달팽이와 혼동되기 쉽다. 하지만 붉은민달팽이는 이제 보기 어려운 종이 되었고 독일의 일부 지역에서는 이미 멸종 위기종으로 등록되었다.

맥주를 이용한 함정이나 민달팽이 퇴치 약을 사용하는 것은 붉은민달팽이까지 가리지 않고 죽인다는 뜻이다. 혹시 아는가? 어쩌면 우리 집 정원이 이 불쌍한 토착 초식 동물에게 귀한 피난처를 제공하고 있을지.

수분이 흙에 얼마나 깊이 침투했는지 알고 싶다면 시각적인 검사만으로 충분하다. 색이 진하고 축축한 흙은 그 아래의 건조한 흙과 확연히 구분되기 때문이다. 두더지가 파 놓은 흙 두둑도 이런 검사에 유용하다. 흙 두둑을 발로 툭툭 차서 조금 치워 보면 아래에 있는 흙이 건조한지 아닌지를 금방 알 수 있다.

적당한 물 주기

엄지와 검지로 흙을 집어서 눌러 보았을 때 너무 건조해서 흙덩이가 그대로 부서진다면 이제는 화단에 직접 물을 주어야 할 때이다. 표본으로 확인한 흙은 지표면에서 몇 센티미터 깊이에 불과하지만, 뿌리 부근의 깊은 곳에 있는 흙도 비슷한 상태일 가능성이 크다. 식물에 물을 공급하는 측면에서 그보다 더 깊은 토양층의 상태는 중요하지 않다.

물론 흙이 너무 말랐다면 물을 주어서 상태를 개선할 수 있다. 먼저 정원의 식물에 지금 얼마나 많은 물이 필요한지를 파악하는 것이 중요하다. 이를 위해서는 흙을 발로 약간 파헤쳐서 두께가 몇 센티미터에 불과한 표토층의 아랫부분이 얼마나 말랐는지 확인해야 한다. 표토층 아래도 비슷하게 건조한 상태라면 물을 조금 더 주어야 한다.

절대로 하지 말아야 할 일은 식물에 매일 물을 주는 것이다. 매일 물을 주는 것은 정원의 식물을 응석받이로 키우는 가장 확실한 방법이다. 물을 지나치게 많이 주면 식물은 뿌리 부근에 늘 물기가 있는 상황에 점점 익숙해진다. 많은 양의 물을 흡수하기 위해 뿌리를 얕고 납작하게 뻗는다. 이렇게 버릇을 들여놓으면 물을 조금이라도 늦게 주거나 하루라도 건너뛰면 바로 문제가 발생한다! 물이 부족하다며 동맹 파업에 들어가서 불과 며칠 만에 시들시들해지고 마는 것이다.

스스로 노력해서 필요한 물을 찾아야 하는 식물들은 더욱 깊이 뿌리를 뻗는 경향이 있다. 그래서 적어도 표토가 말라 있을 때조차 늘 필요한 수분의 일부를 얻을 수 있다. 건조기에 이런 억센 식물들을 도와주고 싶다면 1제곱미터당 약 20리터나 물뿌리개 두 통 분량으로 물을 흠뻑 주는 편이 낫다. 이때 물 호스를 이용하면 한결 수월하지만, 문제는 내가 물을 얼마나 주고 있는지 가늠하기 어렵다는 점이다. 물의 양을 가늠하기 좋은 방법은 평소 화단에 물을 줄 때 사용하던 노즐이나 그 비슷한 부속을 이용해서 물뿌리개에 물을 채우는 시간을 재는 것이다. 일단 호스로 10리터의 물을 주는 데 걸리는 시간을 알고 나면 개개의 화단에 얼마나 오래 물을 주어야 하는지 계산할 수 있다. 예를 들어서 정원에 있는 화단이 30제곱미터이고 호스로 10리터들이 물통을 채우는 데 20초가 걸린다면, 1제곱미터당 20리터 정도로 물을 흠뻑 주기 위해서는 총 1,200초 동안, 즉 20분 동안 물을 주면 된다.

정원에 매일 물을 주는 수고를 덜 수 있다면 이 정도는 그리 큰일도 아니다. 이렇게 함으로써 자연 강우와 비슷한 효과를 얻는 동시에 식물의 밑뿌리까지 물이 확실하게 도달하게 할 수 있다. 아울러 식물의 뿌리가 위로 자라도록 만드는 유인도 사라질 것이다. 물을 한 번에 흠뻑 주는 방식으로 식물의 자생력을 높여 준다면 우리가 가끔씩 2주 동안 자리를 비워도 정원에는 말라 죽는 식물이 하나도 없을 것이다.

동물과 식물의 삶에서 일어나는 변화

비가 올 때면 동물들 대부분이 인간과 비슷한 경험을 한다. 날씨가 춥고 눅눅하면 심한 불쾌감을 느끼는 것이다. 선택권이 있다면 곤충이든, 날짐승이든, 포유동물이든 모든 생명체는 피신할 장소를 찾으려 할 것이다. 벌은 서둘러 벌집으로 귀가하고, 지빠귀는 나무 지붕 아래로 숨고, 사슴은 빽빽한 덤불 속에서 피신처를 찾을 것이다. 예컨대 탁 트인 목초지의 말처럼 피신할 곳이 없는 경우에는 바람을 등진 채 거센 비바람으로부터 최소한 얼굴이라도 보호하고자 할 것이다.

지렁이는 상당히 다른 반응을 보인다. 예전부터 '레인웜rainworm'이라는 이름으로 알려진 사실만 보자면, 지렁이는 질척한 날씨를 매우 좋아하는 것처럼 보인다. 하지만 사실은 정반대다. 즉 지렁이에게 소나기는 그야말로 목숨을 위협하는 비상사태다. 비가 오면 깊이가 때때로 무려 3미터에 달하고 점액질로 끈적하게 내부 막이 형성된 지렁이의 아늑한 동굴에 물난리가 나고 지렁이는 질식사할 상황에 직면한다. 끔찍한 죽음을 피하려면 되도록 빨리 지상으로 기어 나오는 수밖에 없다. 다른 가설도 있다. 빗줄기가 지면을 두드리면서 나는 소리가 천적이자 두려운 포식자인 두더지가 땅을 파는 소리처럼 들린다는 주장이다.

개인적으로 나는 첫 번째 가설을 더 신뢰하는 편이다. 폭우가 내린 다음에는 언제나 물웅덩이 속에서 죽어 있는 지렁이를 볼 수 있고, 이는 지렁이가 산소 함유량이 낮은 물속에서 살지 못한다는 사실을 암시하기 때문이다.

반면에 땅굴 깊숙한 곳에 자리한 지렁이는 무엇이 그런 소리를 내는지 알 수 없다. 때때로 우리가 삽으로 땅을 파헤칠 때 지렁이가 모습을 드러내는 이유도 다르지 않다. 무슨 소리인지는 몰라도 아무튼 소리가 나고 있기 때문이다. 지렁이의 입장에서는 나중에 후회하느니 미리 조심하는 편이 어쨌든 더 나을 것이다.

정원을 가꾸는 모든 이들의 최고 강적도 빗속에서 등장한다. 바로 달팽이와 민달팽이다. 이 끈적끈적한 동물들은 햇빛에 노출되면 금방 몸이 마르기 때문에, 날이 좋을 때는 예컨대 퇴비 더미 같은 음습한 장소에서 시간을 보낸다. 하지만 봄부터 가을까지는 날씨가 습해지는 순간 이 미끌미끌하고 성가신 생물이 돌아다니기 시작한다. 그들과 함께 도롱뇽을 비롯한 영원류와 두꺼비, 개구리 같은 천적들도 하나둘 모습을 드러내기 시작한다. 우리 집에서 키우는 나이든 코커스패니얼 베리를 산책시키기 위해 비 오는 날 저녁

비와 눈과 우박

에 밖에 나올 때도 나는 발밑을 조심하면서 걸어야 한다. 혹시라도 실수로 작은 양서류를 밟아 죽이는 우를 범하지 않기 위해서이다.

때로는 우연히 만난 폭우가 덩치가 큰 동물들을 관찰할 수 있는 최고의 환경을 제공하기도 한다. 이유야 어쨌든 간에 큰 동물이 많이 돌아다닐수록 그들을 발견하기란 쉬워지는 법이다. 비가 쏟아지기 시작하면 그들은 (우리 인간과 마찬가지로) 가능하면 나무 아래나 덤불처럼 비를 막아 줄 곳을 찾아 서둘러 움직인다. 비가 그치고 다시 해가 뜨면 비에 흠뻑 젖은 동물들은 몸을 말리고 체온을 올리기 위해서 다시 탁 트인 공터로 나온다. 시골에서는 폭우가 그치고 처음 몇 분 동안은 사슴을 발견할 확률이 급격히 높아진다. 이런 이유에서 숲을 산책하려고 했는데 갑자기 폭우가 쏟아졌다면 산책을 포기하기보다는 조금만 시간을 늦추는 것이 아마도 최선의 결정이 될 것이다. 그러면 그 어느 때보다 인상적인 자연 체험을 하는 행운을 누릴 수도 있다.

식물도 비에 반응해서 다양한 물리적 변화를 보이기 때문에 이런 변화에 근거해서 날씨를 예측할 수 있다. 어떤 반응은 날씨를 예측하는 데 별로 도움이 되지 않지만, 그럼에도 여전히 흥미롭다.

전형적인 예가 가문비나무나 소나무의 솔방울이다. 흔히 아이들은 밖에서 자연을 탐험하면서 솔방울이 작은 기상 관측소와 같다고 배운다. 솔방울은 햇살이 좋고 건조할 때 돌기 사이사이가 벌어지면서 크고 오동통한 모양이 되지만 궂은 날씨에는 돌기 사이사이가 닫히면서 작고 홀쭉해지기 때문이다. 여기까지는 맞는 말이지만, 딱 여기까지다. 이런 변화는 날씨 변화에 선행하는 현상이 아니라 이미 일어난 습도 변화에 따른 결과로 나타나는 현상인 까닭에 날씨를 예측하는 도구로는 아무런 쓸모가 없다.

비가 가져오는 중요한 변화 중 하나는 식물들이 빗물로 목욕을 하는 것이다. 식물의 잎은 태양 전지판과 같은 역할을 하기 때문에 효과적으로 기능하기 위해서는 표면이 매우 깨끗해야 한다. 하지만 공기 중에는 많은 먼지가 떠다닌다. 그리고 이 먼지는 시간이 흐를수록 잎에 쌓여서 식물의 성장을 방해한다. 태양 전지판을 깨끗하게 청소해서 최상의 상태로 기능하게 만들 수 있는 것은 오직 비뿐이다. 따라서 비는 많이 내릴수록 좋다.

폭우가 내리면 식물의 줄기가 꺾이는 경우를 자주 볼수 있다. 시골의 야외 들판에서는 비 때문에 목초나 농작물이 송두리째 쓰러지거나 애정을 담아 길러 낸 텃밭의 여름 꽃들이 떨어질 수 있다. 일반적으로 이 같은 현상이 일어나는 원인은 분명하다. 바로 비료 때문이다. 대체로 자연적으로 자란 식물들은 폭우에도 아무런 피해를 입지 않을 만큼 안정적이다. 하지만 인간의 손에서 재배되는 농작물은 빠른

비와 눈과 우박

성장을 위해 품종이 개량될뿐더러 성장 속도를 한층 더 높이기 위해 비료나 퇴비가 사용된다. 그 결과 키만 훌쩍 큰 무른 줄기는 목질이 부족하고 그래서 불안정하다. 그리고 이런 불안정한 구조로는 강력한 외부 압력을 견디지 못하는 것이 당연하다.

꽃을 피우는 식물들은 소나기가 내리는 동안 꽃가루와 꿀이 빗물에 쓸려 가지 않도록 대체로 꽃잎을 오므린다. 어찌 되었든 해가 나면 가능한 한 빨리 곤충들을 다시 유혹해서 수분이 이루어지도록 해야 하기 때문이다. 혹시라도 곤충들을 유혹할 상품이 빗물에 씻겨 사라지면 종족 번식의 기회도 사라질 것이다. 그렇게 된다면 특히 한해살이 식물들에게는 가혹한 운명이 아닐 수 없다.

개화를 마치고 씨앗을 만들기 시작한 이후에는 많은 식물이 사뭇 다른 양상을 보인다. 어떤 종들은 이 단계에서 비가 많이 오기를 바란다. 빗물이 씨앗을 쓸어 감으로써 결과적으로 그들의 자손을 새로운 서식 환경으로 데려다주기 때문이다. 바로 모주母株가 비를 이용해서 씨앗을 퍼뜨리는, 이른바 비에 의한 종자 분산의 예다. 주로 물가에 자생하는 누운동의나물의 경우에 이는 매우 적절한 방식이다. 하지만 사뭇 다른 환경인 정원에서 흔히 볼 수 있는 눈개불알풀도 마찬가지로 소나기를 이용해서 씨앗을 퍼뜨린다.

때때로 빗물은 씨앗이 배출되는 과정에서 단순히 방아

쇠 역할을 하기도 한다. 꿀풀도 정원에서 흔히 볼 수 있는 식물인데 이 식물은 빗물의 도움을 받아서 순식간에 씨앗을 퍼뜨린다. 이를테면 빗방울이 잎사귀에 떨어지는 순간 안으로 스며들면서 씨앗을 밀어내는 식이다.

우박의 일생

번개를 제외하면 폭풍우가 휘몰아칠 때 가장 무서운 것은 우박이다. 나는 7월의 한여름에 우리 지역에 우박을 동반한 극심한 폭풍이 덮쳐서 전체 나무의 70퍼센트에 가까운 잎사귀가 떨어졌을 때를 절대로 잊을 수 없다. 우리 채소밭은 그야말로 폭격을 당했고 길에는 떨어진 나뭇가지와 낙엽이 수북했다. 우리는 외바퀴 손수레를 끌고서 퇴비장을 수없이 오갔고 그해 가을걷이는 한없이 초라했다. 하지만 부정적인 결과에도 불구하고 나는 이 자연 현상에 어쩔 수 없는 매력을 느꼈다.

우박은 적란운 중에서도 먹구름 속에서 작은 입자들을 중심으로 응축된 물방울이 결빙되어 만들어진다. 일반적인 상황이라면 이 얼음 덩어리들은 금방 무게가 늘어나서 싸라기눈의 형태로 지상에 떨어진다. 하지만 하늘 높이 산 모양으로 우뚝 솟은 먹구름 속에는 강력한 상승 기류가 존재하고, 얼음 덩어리들은 이 상승 기류에 실려 수 킬로미터 상공까지 떠밀려 올라가면서 수분을 흡수하고 얼기를 반복하며 덩치를 부풀린다. 그러다가 먹구름 상층부에 도달해서 상승 기류가 잦아들면 우박은 다시 폭풍우가 몰아치는 지역으로 떨어졌다가 다시 상승 기류를 타고 상승한다. 뇌우가 맹렬할수록 상승 기류도 더 강하고, 얼음 덩어리들의 오르내림도 더 빈번하게 반복되며, 너무 무거워진 우박이 마침내 지상으로 떨어지기까지 오랜 시간이 걸린다. 작은 우박은 지상으로 내려오는 도중에 녹아서 유난히 굵은 빗방울이 되어 풀 위로 후두둑 떨어지지만 큰 우박은 (축구공만 한 것도 있다!) 지상에 떨어지는 순간까지 얼음 덩어리 상태를 유지한다. 다행히도 우박 대부분은 크기에 일정한 한계가 있고 그래서 아무리 커도 보통은 완두콩이나 체리 크기가 고작이다.

각각의 얼음 덩어리들은 그 안에 나름의 (짧은) 진화 이야기를 간직한다. 큰 우박이 먹구름 속에서 공중제비를 돌며 상대적으로 오랜 시간을 보냈다면, 작은 우박은 짧은 시간 동안 롤러코스터를 탄 경우다. 우박을 반으로 잘라서 들여다보면 나무의 나이테와 크게 다르지 않은 층 구조를 발견할 수 있다. 그리고 이 나이테는 나무 줄기에 있는 것과 마찬가지로 우박의 일생에 관한 이야기를 들려준다. 즉 우박의 나이테는 먹구름 속에서 오르락내리락하면서 한 번의 '공중제비'를 돌 때마다 테두리가 하나씩 더해지기 때문에 나이테가 다섯 개면 다섯 번의 롤러코스터를 탔다는 의미로 해석된다. 여기에 더해서 롤러코스터의 상대적인 지속 시간도 짐작할 수 있다. 즉 짧게 지속된 상승 비행은 얼음 덩어리에 얇은 나이테를 남기고 오래 지속된 상승 비행은 굵은 나이테를 남긴다. 물론 '오래' 지속된 비행이라도 일반적인 기후에서 일 년에 하나씩 만들어지는 나무의 나이테와 비교하면 순식간에 불과하다.

얼음 덩어리를 사실상 구름의 최상층에서 떠다니게 만드는 유독 거센 상승 기류에서는 단 한 번의 오르내림만으로도 크고 무거운 우박이 만들어질 수 있고 이런 경우에는 우박의 내부에서 층 구조를 발견할 수 없다.

여러 증거에 의하면 우박은 크기가 클수록 낙하하는 속도도 증가하는 까닭에 지름이 1센티미터만 넘어도 위험할 수 있다. 그보다 작은 우박도 식물의 잎사귀 정도는 쉽게 뚫는데 이러한 상처는 식물들이 금방 회복하는 경향을 보인다. 하지만 지름이 2센티미터를 넘어가면 우박은 금속에 흠집을 내거나 유리를 박살 낼 수 있는 덩치가 되기 때문에 자동차를 비롯한 다른 재산상의 피해를 유발할 수 있다.

마지막으로 조언을 하나 하자면 예컨대 우박을 동반한 특히 큰 폭풍이 닥쳤을 때 여러분은 당연히 그동안 가꾼 정원이 어떻게 되었는지 제일 먼저 확인하고 싶겠지만 그보다 먼저 우박 몇 개를 주워서 냉동실에 보관해 두자. 보관해 둔 우박을 확인하는 것은 집과 정원의 피해 상황을 점검한 다음에 하면 될 일이다.

눈과 서리

눈송이는 작은 기적이나 다름없다. 같은 것이 단 하나도 없다. 잠재적으로 가능한 형태의 조합이 너무나 다양해서 지구가 존재한 이래로 똑같은 눈송이는 한 번도 없었다고 말할 수 있을 정도다.

추운 북부 기후에서 눈은 정원의 수자원을 확보하는 데 지대한 영향을 끼친다. 겨울은 땅속의 물탱크를 채우는 계절이다. 그리고 여름내 수분을 빼앗겨서 바싹 마른 흙은 이제 비로소 식물들이 다시 물을 끌어다 쓰기 전까지 빗물을 다시 비축할 수 있게 된다. 겨울이 되면 식물들이 동면에 들기 때문에, 또는 한해살이의 경우에는 완전히 죽기 때문에 흙은 하늘에서 내리는 비나 눈을 (상록수인 침엽수 아래의 흙을 제외하면) 아무런 방해 없이 흡수해서 땅속 깊은 곳에 나누어 비축할 수 있다. 기온이 영상으로 유지되는 한 이 흡수 과정은 어떤 방해도 받지 않고 계속된다. 비와 눈이 반복되는 나날은 — 진눈깨비와 물웅덩이, 축축한 화단과 함께 — 생산적인 성장의 계절을 담보하는 가장 확실한 요소다. 따라서 우리는 우리에게 주어지는 모든 흐리고 가랑비가 내리는 날들에 감사해야 한다. 현재 유럽의 많은 지역은 비가 아무리 와도 충분하지 않은 상태다. 2003년 여름에 지극히 건조한 장기간의 혹서가 유럽을 덮친 이후로 지하수량이 완전히 회복된 적이 아직 한 번도 없기 때문이다.

이처럼 지하수를 보충하는 단계에서 때때로 서리의 방해를 받기도 한다. 서리가 며칠씩 지속되면 흙은 몇 센티미터 아래까지 얼어붙는다. 그러면 날씨가 따뜻해져서 비가 오더라도 빗물은 언 땅을 통과하지 못하고 그 결과 지하수를 보충하는 데 이용되지 못한 채 가까운 개울과 강으로 흘러간다.

하지만 눈이 덮인 상태에서는 매우 다른 양상을 보인다. 단열 효과를 가진 백색의 양탄자가 지표면에 서리가 내리지 못하도록 지켜 주는 것이다. 쌓인 눈은 수많은 공기를 내포해서 흙을 매우 효율적으로 감싼 채 추위도 막아 준다. 눈이 두껍게 덮고 있을수록 보온 효과는 극대화된다. 심지어 기온이 영하 10도 이하로 내려가도 지표면에 서리가 내리지 않을 정도다. 이후에 기온이 영상으로 올라가면 빗물은 눈이 녹은 물과 함께 곧바로 땅에 흡수될 수 있다.

눈도 없고 습도도 낮은 상태에서 된서리가 내리는 경우에 식물들은 이런 보온 담요 하나 없이 낮은 기온에 노출된다. 흙은 순식간에 얼어붙고 식물은 말라 버린다. 예민한 식물들을 추위로부터 안전하게 지키는 유일한 방법은 가문비나무의 가지나 양모 재질의 보호용 천으로 덮어 주고 물을 주는 것이다.

비와 눈과 우박

4장

태양과 달과 별

날씨가 따라 주는 한 우리는 정원에서 밤마다 자연의 가장 경이로운 모습 중 하나를 관찰할 수 있다. 오랫동안 나는 별과 그 밖의 천체들에 관한 학문인 천문학에 관심을 가져 왔다. 별자리에 근거해서 미래를 설명하는 점성술과 달리 천문학은 우주를 과학적으로 분석하는 데 초점을 맞춘다.

밤하늘의 광활하고 무한한 우주를 보고 있노라면 지구라는 이름의 작은 바윗덩어리가 실제로 얼마나 미약하고 보잘것없는지 분명해진다. 이런 이유만으로도 밤하늘에 떠 있는 천구天球를 관측할 가치는 충분하다.

밤하늘을 관찰하면서 우리가 과거를 보고 있다고 생각하면 정말 매력적이다. 별은 아주 멀리 떨어진 또 다른 태양이며 별빛이 우리에게 도달하기까지는 수백 년에서 어쩌면 수천 년까지 걸린다. 그동안 원래의 별은 한참을 이동했거나 보다 밝게 타올랐거나 아니면 아예 타서 없어졌을 수도 있다. 점성술사들이 미래를 예측하기 위해 이용하는 십이궁도를 비롯한 원래의 별자리 또한 진작에 매우 다른 배열로 재편성되었을 수 있다. 진실은 오직 하늘만이 알 뿐이다.

셔터 속도를 조절할 수 있는 카메라가 있으면 셔터 속도를 느리게 설정해서 지구의 자전을 보여 주는 사진을 찍을 수 있다. 이를 위해서는 먼저 카메라를 삼각대에 거치하고 렌즈가 밤하늘의 한 지점을 향하도록 고정한다. 이때 카메라의 방향은 정북쪽을 향하는 것이 가장 이상적이다. 그리고 노출 시간을 가능한 한 길게 설정해야 하는데, 할 수 있다면 몇 시간 단위로 설정하는 것이 좋다. 때로는 카메라에 원격으로 셔터를 누르는 옵션이 딸린 경우도 있는데 이럴 때는 매번 셔터를 다시 눌러 주어야만 작동한다. 이렇게 찍은 사진은 이쪽 하늘에서 저쪽 하늘로 아치 형태의 곡선을 그리는 별들을 보여 준다. 사진이 촬영되는 동안 별 아래에서 지구가 (그리고 지구와 함께 카메라도) 지축을 중심으로 자전했기 때문이다. 노출 시간이 길어질수록 하늘을 가로지르는 아치의 길이도 길어진다.

추운 밤과 별이 쏟아지는 하늘

하늘이 맑다는 전제하에 어두운 밤에 맨눈으로 확인할 수 있는 별의 숫자는 대략 3,000개다. 누군가는 이런 의문을 가질 것이다. 밤은 원래 어둡지 않나? 아니, 그렇지 않다. 가로등이 설치된 도시와 그 밖의 거주 지역에서는 밤에도 전혀 어둡지 않다. 그리고 이런 인공조명이 밝은 상태에서는 별이 거의 보이지 않는다. 보름달도 별 관찰을 어렵게 만드는 요소다. 적어도 보름달이 떠 있는 방향으로는 별이 잘 보이지 않기 때문이다.

우리는 언제를 밤이라고 말할 수 있을까? 태양이 내려가면 땅거미가 진다. 이때의 어스름이나 황혼은 지구의 대기가 작용한 결과다. 해는 이미 수평선 너머로 넘어갔지만 대기 중에서 굴절된 햇빛이 해가 직접적으로 비치지 않는 쪽 하늘에서 산란하는 것이다. 이와 같은 간접 조명은 차츰 옅어지고 계절에 따라 다르지만 1~2시간 정도 지속되다가 결국 칠흑같이 어두워진다. 바야흐로 별들이 지극히 어렴풋한 모습을 드러내고 은하수가 하늘을 가로지르는 엷은 띠를 펼칠 때가 된 것이다. 일 년 중 밤이 가장 짧은 6월이 되면 진정한 밤이 지속되는 시간은 불과 네 시간에 불과하다.

그래서 별이 어쨌다는 것일까? 별은 멀리 떨어진 태양이고, 너무 멀리 떨어져 있어서 가장 성능이 좋은 망원경으로 보아도 여전히 작은 점처럼 보일 뿐이다. 하지만 눈이 어둠에 익숙해지는 순간 (어둠에 익숙해지기까지는 약 30분 정도가 걸린다) 이 점들에서 다른 면을 보게 된다. 이를테면 수많은 별이 나름의 색을 가지고 있다는 사실을 발견하고 놀라게 될 것이다. 별은 각각의 온도와 발광 유형에 따라 붉은색이나 파란색, 노란색, 흰색으로 보일 수 있다.

별은 비가 내리고 난 다음에 하늘이 갑자기 맑아지고 대기가 먼지 하나 없이 깨끗해졌을 때 특히 많이 보인다. 소나기가 내린 저녁에 하늘이 맑다면 그날 밤 기온이 급격히 내려갈 거라는 신호다. 따뜻한 담요가 되어 줄 구름이 없는 한 바로 얼마 전 내린 소나기가 증발하면서 지표면 부근의 공기에서 열을 빼앗아 갈 것이기 때문이다.

반대로 맑은 날씨가 한동안 지속될 때는 자주 엷은 아지랑이가 피어올라서 특히 지평선 부근의 어렴풋한 별빛을 집어삼킨다. 이런 경우에 별을 관측하기에 불리한 여건과 아지랑이가 옅게 피어오르는 하늘은 다음 날 날씨가 좋을 거라는 신호가 된다.

은하수는 주목할 만한 관찰 대상이다. 우리 모두는 중심부가 소용돌이치는 다수의 나선팔로 이루어진 채 수천억 개의 별을 품고 있는 거대한 원반 형태의 은하계에 속해 있다. 우리 시점에서 보자면 은하수는 밤하늘을 가로지르는 띠처럼 보인다. 위치상으로 나선팔 중 하나에 속한 태양계에서 은하계를 바라보기 때문이다.

은하수라는 이름은 희끄무레한 외관에서 유래했다. 무수히 많은 별로 이루어져 있음에도 워낙에 멀리 떨어진 까닭에 하나로 어우러져 흐릿한 안개처럼 보인다. 지구에서 가장 가까운 별들만, 즉 앞에서 언급한 3,000개의 점들만 개별적으로 구분될 뿐이다.

우리와 '이웃한' 별들을 포함해서 태양계는 (그리고 여러분과 나는) 은하수를 중심에 두고 거대한 원 궤도를 그리며 우주를 시간당 80만 킬로미터가 넘는 속도로 질주한다. 말 그대로 시속 80만 킬로미터가 넘는 속도다. 따라서 고요한 밤하늘을 바라볼 때도 실제로는 눈에 보이는 모든 것이 더 이상 빠를 수 없는 속도로 이동하는 중이라는 사실을 유념하기 바란다.

유성과 우주 비

유성은 천체라고 부르기도 멋쩍을 정도로 매우 작다. 흔히 길조로 여겨지는 까닭에 오늘날에도 유성을 발견하면 으레 소원을 빈다.

유성 또는 유성체는 흙과 암석으로 이루어진 작은 조각이며 우주를 고속으로 여행하다가 대기권을 통과할 때 불타서 소멸한다. 크기에 따라 다르지만, 유성이 작열할 때의 백광은 아주 멀리서도 볼 수 있다. 유성을 발견할 확률은 지구가 혜성의 궤도를 가로지를 때 특히 높아진다. 혜성은 먼지 입자와 얼음이 뒤섞인 거대하고 지저분한 눈덩어리다. 그리고 태양에 가까워지면 여러 조각으로 분리되면서 특유의 꼬리를 형성한다. 즉 혜성의 꼬리는 혜성이 잘게 부서지면서 생긴 파편이 뒤에 길게 늘어진 것일 뿐이다. 매년 8월 초는 지구와 혜성의 궤도가 교차하는 시기로 유명하며 이때가 되면 페르세우스 유성우를 즐길 수 있다. 무수히 많은 유성이 시시각각 모습을 드러내는데 하나같이 스위프트 터틀 혜성이 남긴 잔해들이다.

요즘에는 유성과 지구 주위를 돌아다니는 인공위성을 혼동하기가 쉽다. 인공위성도 밤하늘을 가로지를 때 태양빛에 반사되어 작은 점처럼 보이지만 다시 잘 보면 자연 현상과 구분된다. 순식간에 불타오르다가 사라지는 유성과 대조적으로 인공위성의 궤적은 보다 느리게 움직인다. 인공위성의 항로는 지평선 부근의 엷은 안개 속으로 사라질 때까지 추적할 수 있기 때문에 눈으로 쉽게 쫓을 수 있다.

유성은 번번이 우리에게 비를 내려 주는 먼지구름을 불러온다. 이 우주 비는 과거에도 지구에 매우 중요했고 오늘날에도 매우 중요하다. 우리 행성에 존재하는 수자원의 상당량이 아주 먼 옛날 지구를 강타한 이를테면 혜성 같은 비교적 큰 궤도체에서 나왔기 때문이다. 게다가 아주 작은 유성도 비라는 형태로 하루에 약 1만 톤에 가까운 물을 지구에 보태 준다. 이 가운데 극히 일부는 분명히 우리의 정원이나 텃밭에 떨어지고 있을 것이다.

달의 모양

달과 식물의 관계를 다루는 서적은 시중에 이미 무수히 나와 있다. 따라서 여기서 나는 다른 몇 가지 측면만을 살펴보려 한다. 달이 지구의 생명체에 영향을 준다는 것은 이론의 여지가 없다. 가장 흔하게 인용되는 증거가 바로 조수이다. 달과 지구는 둘 다 공통의 무게 중심, 즉 태양 주위를 공전한다. 그리고 달의 인력이 작용하는 지구의 바다에는 해수면이 약 30센티미터 높이로 약간 볼록하게 상승한다. 달을 등진 지구의 반대편에도 또 다른 해수면의 상승이 일어나는데 이번에는 예컨대 회전목마처럼 회전하는 물체에서 바깥쪽으로 튕겨 나가려는 힘인 원심력이 작용한 결과다. 지구가 자전하는 하루 동안 해수면의 상승은 지표면을 따라 항상 달을 마주하는 방향으로 이동하면서 일어나고 지구 반대편에서 발생하는 해수면의 상승도 동일한 양상으로 진행된다. 따라서 바닷물은 이 상승면의 이동에 따라 해변으로 밀려들기도 하고 밀려나기도 한다. 수심이 얕은 해안에서는 조수의 흐름이 아주 약할 때라도 밀물의 높이가 지형에 따라 수 미터까지 상승한다. 그 결과 예컨대 북해 연안의 경우에는 밀물이 들면 먼바다 쪽으로 수 킬로미터의 거리까지 펼쳐져 있던 갯벌이 물속으로 사라진다.

정원이 이런 조수의 영향을 받는다고 생각하는 사람은 별로 없을 것이다. 하지만 실제로 달의 인력은 바닷물만이 아니라 지각地殼도 잡아당긴다. 우리가 알아차리지 못하는 사이에 우리 정원은 하루 동안 60~80센티미터가 솟아오르거나 내려앉기를 반복한다. 이와 같은 움직임은 보통 거대한 규모로 진행되기 때문에 오직 정교한 측정 기구로만 파악할 수 있다.

　육지와 바다에 작용하는 이런 힘 때문에 많은 바다 생물이 달을 일종의 달력처럼 이용해서 일정한 시기에 동시다발적으로 알을 낳아 생존 경쟁에서 수적으로 이점을 취한다는 사실은 그다지 놀라운 일이 아니다. 아무리 포식자라도 거의 동시에 부화한 그 많은 수의 새끼들을 한꺼번에 다 잡아먹을 수는 없기 때문이다. 종족 번식 행위를 시작하는 날은 종에 따라 다르다. 그날은 한 해의 특정한 달에 보름달이 뜨는 날일 수도 있고 초승달이 뜨는 날일 수도 있으며, 또 어떤 경우에는 달이 아예 없는 완전히 깜깜한 날일 수도 있다.

　어쩌면 우리 정원의 땅속 깊은 곳에 사는 생물들도 날마다 반복되는 지각의 부침 현상을 일종의 시계처럼 이용하고 있지는 않을까? 지상의 모든 생물에게 생활 리듬을 만들어 주는 밤낮과 계절은 지하 1미터 아래에 사는 생명체들에게 아무런 영향을 미치지 않는다. 땅속 깊은 곳은 온도가 늘 일정할뿐더러 언제나 칠흑같이 어둡기 때문이다. 그렇다면 이런 깊은 땅속에 사는 수많은 생물은 어떻게 그들의 삶에 질서를 부여할까? 아마도 이 조그마한 생물들에게는 조석력이 시간의 흐름을 알려 주는 유일한 지표일 것이다. 아무튼, 이 부분은 그다지 많이 연구된 주제가 아니다. 과학적인 연구가 집중되기는 고사하고 아직 발견되지 않은 종들도 많기 때문에 이 주제는 앞으로도 오랫동안 미지의 영역으로 남아 있을 것이다.

달이 우리 인간에게 미치는 영향에 대해서는 아직 이견이 분분하지만 정말로 정원의 흙이 매일같이 솟아오르고 가라앉기를 반복하고 있다면 우리 몸이 아무런 영향도 받지 않는다고 생각하기란 어려운 일이다. 어쨌든 달은 고대부터 우리 인간의 삶에서 중요한 위치를 차지해 왔다. '달month' 과 '달moon'이 어원학적으로 관련이 있는 것도 바로 이 때문이다. 예컨대 부활절 같은 날의 날짜도 (춘분이 지나고 첫 번째 보름달이 뜨는 날처럼) 달의 주기에 고정되어 있다. 월경이 달의 영향을 받는지도 아직 분명하게 밝혀지지 않았다(월경 주기는 일반적으로 28일에서 35일 사이이며 달의 주기는 29.5일이다). 고대에는 둘 사이에 연관이 있다고 생각했다. 영어의 '월경하다menstruate'라는 단어가 '달month'을 의미하는 라틴어 'mensis'에서 유래한 이유다.

행성

태양에서 가장 먼 행성이었던 명왕성은 최근 많은 과학자의 판단에 따라 행성의 지위를 잃었다. 행성으로 분류하기에는

태양과 달과 별

크기가 너무 작다는 것이다. 비슷한 크기의 다른 천체들이 발견되고 해당 천체들이 하나같이 소행성이나 해왕성 바깥 천체로 분류되면서 명왕성도 더 낮은 등급으로 강등된 지위를 받아들여야 했다.

이 소행성들은 우리와 완전히 무관한 존재가 아니다. 2011년에는 YU55로 명명된 약 400미터 크기의 소행성이 지구에 달보다 가까운 거리까지 근접했는데, 우주적인 관점에서 보자면 지구를 정말 살짝 비껴간 셈이었다. 만약 이 소행성이 지구를 덮쳤다면 지구의 방대한 면적이 폐허로 변하고 말았을 것이다.

이처럼 작은 소행성은 육안으로는 볼 수 없지만, 수성, 금성, 화성, 목성, 토성은 망원경 없이도 볼 수 있다. 우리 태양처럼 스스로 빛을 발하는 별들과 달리 이들 행성은 가스나 돌 등으로 이루어진 구체球體이며 다른 별에서, 우리의 경우에는 태양으로부터 빛을 받아서 밝게 보인다. 우리가 하늘에서 볼 수 있는 행성은 태양계에 속한 행성들이 전부인데 이는 다른 별들이 너무 멀리 떨어져서 각각의 별에 딸린 행성들도 시각적으로 별에 흡수되어 동일한 점처럼 보이기 때문이다.

행성과 별은 비교적 쉽게 구분할 수 있다. 일반적으로 행성은 유난히 밝고 태양이 낮 동안 움직인 궤적과 늘 동일한 하늘길을 따라 이동한다. 이런 이유로 북반구에서는 북쪽 하늘에 있는 행성을 절대로 발견할 수 없다. 반면에 오스트레일리아 같은 남반구에서 하늘을 쳐다보면 정반대다. 즉 태양은 하늘의 가장 정점에 도달했을 때 북쪽에 위치하고 다른 행성들도 마찬가지다.

또 다른 차이는 별의 반짝임이다. 별은 난기류에 따라 수시로 깜빡거리거나 반짝이는 반면에 행성은 꾸준하게 빛을 발한다. 이런 차이가 발생하는 이유는 아주 멀리 떨어진 별은 빛나는 작은 점처럼 보일 뿐이지만 행성은 쌍안경만으로도 원반 같은 형태로 뚜렷이 보이기 때문이다. 즉 빛을 반사하는 면적이 넓기 때문에 약간의 난기류에도 쉽게 방해를 받지 않는 것이다.

거리가 너무 멀어서 태양계의 행성들은 지구의 생명체에 아무런 영향을 주지 않는 것이 분명하다. 이들 행성이 지구에 미치는 인력을 모두 합쳐도 달이 지구에 미치는 인력의 100분의 1에 불과하다. 지구에 유의미한 영향을 주기에는 턱없이 부족한 것이다.

❦

늦잠꾸러기들을 위한 꽃향기

식물은 영업적인 목적에서 하루 중 각기 다른 시간에 꽃을 피운다. 그렇게 함으로써 꽃가루 매개충의 업무량을 분산시키고 그들에게 주목을 받을 수 있는 최적의 기회를 노린다. 대규모 매개충 집단인 나방은 폐점 시간 이후에도 가게들을 기웃거린다. 꿀 한 모금을 얻고자 밤거리를 배회할 만큼 밤늦은 시간에도 여전히 배가 고프다. 어떤 꽃들에게는 바로 이때가 경쟁자들 사이에서 돋보일 기회다. 그래서 해가 진 이후에 꽃을 피워 다른 경쟁자들을 물리친다. 다양한 종의 식물들이 실제로 이 같은 전략을 취하고 있으며 원래는 북아메리카 출신인 달맞이꽃도 그중 하나다. 달맞이꽃은 오직 해 질 녘이 되어서야 꽃잎을 열고 향기를 내뿜는다. 그러면 달콤한 유혹에 홀려서 나방들이 몰려들고 연노란색 꽃받침에 내려앉는다.

어둠 속에서도 상대적으로 눈에 잘 띈다는 점에서 노란색은 '야행성' 식물의 전형적인 색이다. 하지만 모든 식물이 해 질 녘까지 기다렸다가 행동에 나서는 것은 아니다. 비누풀은 하루 종일 꽃을 만개한 상태로 유지하지만 해가 진 다음에만 매혹적인 향기를 내뿜기 시작한다. 숙근플록스의 경우도 마찬가지이며 숙근플록스의 옅은 핑크색 꽃은 밤에도 쉽게 눈에 띈다.

따뜻한 여름날 저녁 야외에 앉아 있기를 좋아한다면 자신이 가장 좋아하는 장소에 밤에만 꽃을 피우는 이런 녀석들을 몇 개 심어 두는 것도 좋을 것이다. 그러면 수줍음이 많은 방문객을 볼 기회가 생길 텐데, 그중에는 생전 처음 보는 것들도 있을 것이다.

5장

햇살과 낮

우리가 살아가는 지구를 제외한다면 우리에게 가장 중요한 천체는 태양이다. 태양의 따듯한 햇살이 우리에게 도달하는 데는 약 8분의 시간이 걸린다. 태양이 우리와 1억 5천만 킬로미터나 떨어져 있기 때문이다. 이는 매우 의미 있는 거리다. 만약 지구가 이 용광로에 좀 더 가까운 거리에 있었다면 수성이나 금성과 똑같은 운명을 맞이했을 것이다. 요컨대 모든 물이 증발해서 생명체가 살 수 없는 행성이 되었을 것이다.

이 불덩어리 태양은 내부에서 초당 5억에서 6억 톤의 수소를 연소시키면서 빛과 열, 그 밖의 전자기파를 방사한다. 하지만 걱정할 필요는 없다. 이처럼 많은 소비에도 불구하고 향후 수십억 년 동안은 끄떡없을 만큼 수소 공급량이 충분하기 때문이다.

축적 모형을 이용하면 태양이 얼마나 거대한지 감을 잡기가 한결 쉽다. 예컨대 지구가 체리 정도의 크기라면 태양은 지름이 1.5미터에 달하고 지구와 150미터의 거리에 있는 셈이다.

밤에 달 표면을 관찰하듯이 낮에 태양의 표면을 관찰할 수 있다. 하늘에서는 두 천체가 모두 비슷한 크기의 원반처럼 보이기 때문이다(물론 시각적인 측면에서 그렇다는 것이다). 다만 불행하게도 태양이 너무나 밝은 까닭에 우리는 아주 잠깐이라도 직접적으로 태양을 쳐다볼 수 없다. 태양의 표면에서 여러 가시적인 현상들이 일어나고 이런 현상들이 단지 보기에만 좋은 것이 아니라는 점에서 태양을 보다 쉽게 볼 수 없다는 사실은 매우 유감스러운 일이다. 태양의 표면에는 곳곳에 흑점이 보이는데 마치 누르스레한 얼굴에 모반이 생긴 듯한 모습이다. 이 인상적인 모습을 어떻게 하면 안전하게 관찰할 수 있을지 이야기하기에 앞서 태양의 흑점이 우리에게 어떤 의미가 있는지 살펴보자.

표면 온도가 상대적으로 낮은 지점에 생기는 태양 흑점은 주변보다 검게 보인다. 그럼에도 불구하고 흑점은 태양의 내부 활동이 전체적으로 활발해졌음을 암시하는 신호로 간주된다. 즉 흑점이 많을수록 태양이 많은 햇빛을 방사한다는 뜻이며 지구는 그만큼 더 따뜻해진다. 태양의 흑점은 주기적으로 몇 년에 걸쳐 점점 늘어났다가 마지막에 차츰 줄어드는 양상을 보인다. 주기는 대략 11년 단위로 반복되는 듯 보이는데 물론 태양이 이 시간표를 항상 준수하는 것은 아니다. 예를 들면 2007년 12월에 가장 최근 주기가 끝나면서 모습을 감춘 흑점은 다시 등장하기까지 이례적으로 오랜 시간이 걸렸다. 태양의 표면은 얼룩 하나 없이 깨끗했고 흑점은 수년이 지나도록 모습을 드러내지 않았다. 전문가들은 이제 태양의 복사 에너지가 전반적으로 약해졌고 다음에 이어질 흑점 주기도 불분명할 것이기 때문에 평균적으로 흑점의 개수가 확 줄어들 것으로 예상했다.

유럽은 최근 몇 년 동안 혹독한 겨울을 보내면서 태양의 활동이 위축되었을 때 초래되는 결과를 이미 경험했다. 지독한 추위와 꽁꽁 얼어붙은 강과 호수에 더해서 내가 사는 독일에서는 국영 철도 회사인 도이체반의 기차들이 서리 앞에서 하나둘씩 무릎을 꿇는 모습을 지켜보아야 했다. 이 모든 것은 흑점이 없어졌기 때문이었다. 게다가 십중팔구 이처럼 극단적인 겨울이 올해가 마지막은 아닐 터였다. 태양 온도의 장기적인 변동은 온실 효과로 인한 영향이 가려지면서 기후 변화가 잠시 중단된 것 같은 오해를 불러일으키기도 한다.

다시 정원 문제로 돌아가 보자. 태양에서 일어나는 흥미진진한 일들을 관찰할 수 있는 쉬운 방법이 있다. 우리에게 필요한 것은 쌍안경과 종이 한 장이 전부다. 하지만 먼저 주의할 점이 있다. 불과 몇 초 만에 눈이 심각한 손상을 입을 수 있으므로 절대로 쌍안경을 통해 태양을 직접 쳐다보지 말아야 한다. 이 실험에서 쌍안경은 일종의 영사기로 이용되고 우리는 안전하게 종이에 투영된 태양의 실사를 관찰할 것이다. 이를 위해서 (마치 종이가 태양을 보려 하는 것처럼) 쌍안경을 종이 앞에 댄 채로 태양을 향하게 한다. 그런 다음에 쌍안경을 앞뒤로 조금씩 움직이면 어느 지점에 이르러 종이에 태양의 상이 맺히는 것을 발견할 수 있다. 처음에는 단지 밝은 점처럼 보일 것이다. 종이에 보다 선명하게 상이 맺히도록 쌍안경의 초점을 조절한다. 그러면 이제 종이에 비친 태양을 관찰하고 태양의 흑점도 자세히 볼 수 있다. 쌍안경을 계속 손으로 들고 있는 것보다 삼각대를 이용하면 훨씬 편하지만 설치하기가 조금 까다롭다. 다시 강조하지만 혹시라도 쌍안경으로 직접 태양을 보는 일이 없도록 반드시 주의해야 한다.

태양의 흑점을 주기적으로 확인하면서 태양의 활동성도 면밀하게 관찰하다 보면 흑점이 적을수록 기온이 떨어지는 비례 관계에 기초해서 내년 겨울에는 얼마나 추울지 어느 정도 가늠할 수 있을 것이다.

하루의 경과

우리가 하루라고 부르는 현상의 주기를 결정하는 것은 24시간에 한 바퀴씩 도는 지구의 자전이다. 이런 설명이 진부하게 들릴 수도 있겠지만, 지구의 자전은 우리의 시야에 영향을 미친다. 우리는 태양에 관해 이야기할 때 여전히 먼 옛날의 중세 시대에서 헤어나지 못하는 듯하다. 일출과 일몰을 설명하고 태양이 하늘에서 이동하는 궤도를 묘사할 때 해가 동쪽에서 서쪽으로 움직인다고 이야기한다. 혹시라도 우리 이야기를 외계인이 듣는다면 우리가 여전히 천동설을 믿는다고 생각할 것이다. 물론 나 또한 이런 표현들을 사용한다. 우리의 언어생활에서 이미 익숙하게 굳어진 부분이기 때문이다. 그렇더라도 나는 여러분에게 일출이 일어나는 시간에 작은 실험을 하나 해 보라고 권하고 싶다. 동쪽을 바라보면서 태양이 고정되어 있다고 스스로 되뇌어 보라. 해가 떠오르는 것이 아니라 우리 발밑의 땅이 동쪽으로 서서히 움직이고 있다고 말이다. 나는 이 실험을 할 때마다 무척 기이한 느낌을 받는다. 하지만 이것이 실제로 일어나고 있는 일이다. 태양을 바라보는 우리의 틀에 박힌 방식이 틀린 것이다. 저녁에 해가 질 때도 모든 것이 똑같은 방식으로 작동한다. 즉 태양이 지평선 아래로 가라앉는 것이 아니라 지구가 계속 동쪽으로 돌면서 지평선이 태양을 향해 떠오르는 것이다.

정원의 조력자 개미

정원에 봄이 오면 꽃식물과 여러해살이 식물뿐 아니라 개미처럼 징그럽고 그다지 탐탁지 않은 벌레들도 활기를 띠기 시작한다. 개미는 의문의 여지가 없을 만큼 분명히 짜증 나는 생물이다. 수시로 사람을 물어서 고통을 초래하는 녀석들이 있는가 하면 정원을 진딧물 농장으로 만들기를 즐기는 녀석들도 있다. 하지만 개미는 긍정적인 역할을 하기도 하는데 부당하게도 이런 부분은 자주 간과된다. 분주한 개미들은 복잡한 문명사회를 유지하느라 여기저기 구멍을 뚫는 과정에서 땅을 부드럽고 뿌리 내리기 쉽게 갈아 준다. 사실 개미가 정원의 많은 식물에 꼭 필요한 이유는 또 있다.

　혹시 여러분은 몇몇 야생화들이 정원을 마치 자기 발로 돌아다닌 양 보이는 이유를 생각해 본 적이 있는가? 이런 야생화들은 처음 몇 년 동안 한쪽에 모여 있다가 갑자기 다른 한쪽에 나타나서 개체 수를 불리기 시작한다. 무슨 조화일까? 야생화가 씨앗을 퍼뜨릴 수 있도록 개미가 도와주고 있기 때문이다. 개미의 도움을 받기 위해 식물은 작은 보상을 제공한다. 모든 씨앗에는 엘라이오솜이라는 지방과 당분으로 이루어진 화학 물질이 들어 있는데, 이것이 이들 택배 직원들에게 보상으로 주어진다. 개미는 이 군침 도는 화물을 집으로 가져가서 저녁으로 먹은 다음에 남은 불필요한 씨앗들은 최대 70미터나 떨어진 곳으로 내다 버린다. 결과는 양쪽 모두에게 만족스럽다. 개미는 포만감을 얻고 식물은 새로운 장소에 씨앗을 퍼뜨릴 수 있다.

이런 식으로 개미의 택배 서비스를 이용하는 식물에는 야생 딸기를 비롯해 들제비꽃과 달래, 광대수염, 물망초 등이 있다.

시계의 시간과 진짜 시간

우리가 사용하는 시계는 자연과 어떤 관계가 있을까? 사실 아무런 관계가 없다. 그리고 바로 그 때문에 우리는 시계에 관해 짧게나마 이야기를 할 필요가 있다.

시계는 원래 태양의 위치를 알려 주는 도구다. 시침이 시계 문자판 위에서 왼쪽에서 오른쪽으로, 즉 동쪽(태양이 있는 남쪽을 바라볼 때 왼쪽이 동쪽이다)에서 서쪽(오른쪽)으로 움직이는 태양의 궤적과 똑같은 방향으로 도는 것도 바로 이 때문이다. 물론 이는 순전히 착시 현상으로, 실제로는 태양이 아니라 지구가 도는 것이다.

손목에 차고 다니는 이 유용한 천문학적 기구를 우리는 다른 용도로도 사용할 수 있다. 일례로 방향 감각을 잃었을 때 나침반으로 사용할 수 있다. 시침이 태양을 향하도록 맞추면 시침과 12시 사이가 항상 남쪽이 된다.

정오 12시가 되면 태양은 정확히 남쪽에 자리를 잡고

따라서 하루 중 하늘에서 가장 높은 곳에 위치한다. 예외는 없다. 다만 시계가 나타내는 시간은 단지 절충안일 뿐이고 그렇기 때문에 항상 오차가 존재한다는 사실을 유념해야 한다. 지구가 구체인 까닭에 예컨대 정확히 베를린의 천정점에 자리한 태양이 서쪽으로 약 580킬로미터 떨어진 쾰른의 천정점에 도달하려면 추가로 26분의 시간이 든다. 이런 식으로 정의한 시간을 진짜 현지 시간 또는 지방 표준시(LMT)라고 부르며 당연히 지방 표준시는 장소마다 다르다. 하지만 이 지방 표준시를 사용하면 국가는 제대로 기능할 수가 없다. 아무도 약속을 잡거나 공통된 시간표를 가질 수 없기 때문이다.

이 문제는 그리니치 표준시(GMT)나 중부 유럽 표준시(CET)와 같은 표준 시간대를 적용함으로써 해결할 수 있다. 중부 유럽 표준시를 예로 들자면 태양의 실제 위치와 일치하는 경우는 독일과 폴란드의 국경 지대에 있을 때뿐이기 때문에 독일 전역에서 시계와 태양의 위치가 딱 맞아떨어지게 하고 싶다면 최소 1분에서 최대 30여 분을 빼 주어야 한다. 여름에는 서머 타임이 적용되어 봄보다 한 시간씩 빨라지므로 추가로 한 시간을 더 빼 주어야 한다.

자신이 사는 곳의 시차를 확인하는 것은 의미가 있는 일이다. 이를 위해서는 먼저 거주하는 곳의 경도를 알아야 한다. 경도는 자신의 거주 지역이 포함된 지도에서 알아낼 수 있다(지도 가장자리에 좌표가 표시되어 있다). 그런 다음 웹 사이트를 이용하면 되는데 요즘에는 좌표를 입력하면 진짜 현지 시간을 계산해서 표준시와 얼마나 시차가 나는지 알려 주는 다양한 웹 사이트가 존재한다. 예를 들어 내 위치가 표준시보다 15분 늦다면 내가 있는 곳의 현지 시간을 산출하기 위해서는 이 시간만큼 더해 주어야 한다. 따라서 내가 사는 곳에서는 태양이 12시 15분에 정남쪽의 천정점에 도달할 것이다.

자외선도 이제는 시계를 이용해서 간단히 측정할 수 있는 태양의 위치와 밀접한 관련이 있다. 자외선이 절정에 달하는 시간은 정오 12시 직전이나 직후다(위에서 언급한 예처럼 15분이 늦을 경우에는 12시 15분일 것이다). 한편 오전 9시에는 자외선 방사량이 오후 3시와 비슷하다.

하지만 대기 온도는 이 같은 틀을 전적으로 따르지 않는다. 태양이 공기를 데우려면 어느 정도 시간이 걸리기 때문에 태양이 천정점에 도달한 후 두세 시간이 지난 시점인 오후 3시경이 되어서야 하루 중 최고 기온에 도달한다.

새 시계

시계가 시간을 알려 주는 것 말고도 자연계에서 다른 용도로 이용될 수 있듯이, 자연계 자체도 최소한의 원초적인 방식으로 우리에게 시간을 귀띔해 준다. 태양의 위치와는 별개로 우리가 새들을 관찰하고 그들의 아침 노랫소리에 귀를 기울여야 하는 이유다.

그런데 새들은 왜 노래할까? 그들이 세상을 노랫소리로 채우는 이유가 우리를 위한 것이 아님은 분명하다. 그렇다고 순수한 삶의 환희를 노래하는 것도 아니다. 사실 새가 노래하는 것은 개가 동네의 도로 표지판 기둥에 오줌을 쌀때 뒷다리를 드는 행동과 별반 다르지 않다. 즉 둘 다 자신의 영역을 주장하는 행동이다. 새의 노랫소리는 사실상 한순간에 끝나는 행위인 까닭에 계속 반복되어야 하는 차이가 있을 뿐이다. 그들의 노랫소리가 경쟁자인 다른 수컷들에게 보내는 메시지는 기본적으로 이런 내용이다. '꿈도 꾸지 마! 여긴 내 땅이라고!' 반대로 암컷들을 향해서는 자신이 힘세고 사내다운 배우자감이라고 홍보한다. 새들 대부분이 일제히 노래하지 않는 것도 이 때문이다.

한 번에 오래 지속되는 소리의 배열을 만들기 위해 특별한 노력을 기울이는 새들은 자신의 영역을 지키려는 본능에 특히 충실하다. 지빠귀와 울새는 악명이 자자하다. 같은 명금류로 분류되지만, 참새나 떼까마귀는 소리 배열이 비교적 단순하고 사교성이 좋으며 같은 종류의 다른 새들이 가까운 곳에 둥지를 틀어도 우호적인 반응을 보인다.

생태학적 다양성을 지닌 정원은 다양한 새들의 서식지가 된다. 하지만 이 새들이 모두 동시에 노래한다면 각각의 노랫소리가 불협화음 속에 묻힐 것은 자명하다. 따라서 이 가수들이 경쟁자나 연인에게 자신의 진가를 알리기 위해서는 오전의 특정한 시간대에 집중해야 한다. 더 정확히 말하자면 시간대가 아니라 태양이 특정한 위치에 있을 때이다. 이 방법은 정확히 규정할 수 있는 현상 즉 일출과 관련이 있다. 불행한 사실은 이 일출 시간이 봄부터 내내 조금씩 빨라지다가 6월 21일 하지를 기점으로 다시 늦어지면서 끊임없이 변한다는 것이다. 따라서 모든 새가 매일 정해진 시간을 정확히 지켜서 노래한다고 하더라도 새소리는 사실상 시계의 이상적인 대체물이 될 수 없다.

인터넷을 찾아보면 새의 종류별로 제각각 노래하는 시간이 잘 정리되어 있다. 독일 웹 사이트 www.biologie-wissen.info에 들어가서 'Vogeluhr(새 시계)'라는 키워드로 검색하면 새들의 노래 시간표가 나온다. 종달새는 아직 어둑한 시간에, 다시 말해서 일출이 아직 한 시간 반이나 남았을 때부터 노래를 시작한다. 다음으로 무대에 오르는 주인공은 작은 딱새다. 정확히 일출 한 시간 전에는 지빠귀가 공연을 시작하고 30분 뒤에 솔새의 공연이 이어진다. 지평선 너머로 해가 보이는 순간부터는 모든 새가 새벽의 합창 공연에 합류한다. 이때부터 시간을 확인하려면 다른 생물에게 의존해야 한다. 바야흐로 꽃에 주목할 시간이 된 것이다.

햇살과 낮

꽃시계

18세기 스웨덴 자연과학자 카를 린네는 숲속을 산책하다가 매우 흥미로운 발견을 했다. 종류가 서로 다른 꽃들이 하루 중 각기 다른 시간에 꽃을 피우며 이 시간이 인상적일 만큼 정확하다는 사실을 깨달은 것이다. 실제로 얼마나 정확했던지 당시에 가장 정확하다는 교회 시계에 필적할 정도였다. 그렇다면 꽃을 피우는 다양한 식물들로 아예 살아 있는 시계를 만들 수 있지 않을까? 린네는 이 생각을 실천으로 옮겨 웁살라 식물원에 매우 특별한 화단을 만들었다. 화단을 열두 구역으로 나누어서 시계 모양으로 꽃을 배치했다. 각각의 구역에 식재된 꽃들은 정해진 시간에 꽃을 피워서 지나는 행인들에게 시간을 알려 주었다. 하지만 이 시계는 생각만큼 잘 작동하지 못했다. 이삼 주만 지나면 더 이상 꽃이 피지 않았고 그래서 끊임없이 다른 꽃으로 바꿔 주어야 했다. 설상가상으로 산간 지역에서 가져온 표본들은 도시로 내려오자 따뜻해진 기후 때문에 꽃을 피우는 시간이 달라졌다. 하지만 매우 재미있는 발상이었고 우리는 굳이 시계 모양의 화단까지 만들지 않더라도 정원에 있는 여러해살이 식물과 풀의 도움으로 시간을 알 수 있다.

새벽 5시에 꽃을 피우는 호박은 하루를 가장 부지런하게 시작한다. 금잔화는 오전 8시에 꽃잎을 열고 데이지가 9시에 그 뒤를 잇는다. 태양이 남쪽의 천정점에 도달한 정오에는 솔잎국화로도 알려진 사철채송화 같은 정오에 피는 꽃들이 만개한다. 오후가 되면 서서히 가게를 닫는 꽃들이 생기는데 오후 2시부터 3시 사이에는 서양민들레가 꽃잎을 닫기 시작하고 오후 3시가 되면 박꽃이 하루를 마감한다. 저녁 6시 즈음에는 양귀비도 가게를 닫는다.

그런데 식물들은 왜 서로 다른 시간에 꽃을 피우는 수고를 마다하지 않을까? 이유는 꽃가루받이 곤충들에게 선택의 부담을 덜어 주는 동시에 그들을 유혹하기 위해서다. 수많은 꽃이 영업을 위해 만개하는 혼잡한 시간대에는 벌들이 그들을 기다리는 모든 꽃을 방문할 수 없기 때문에 어떤 꽃은 손님을 받지 못한 채 허탕을 칠 수밖에 없다. 하지만 다른 경쟁자들이 잠든 늦은 시간을 이용해서 자신의 꿀을 홍보하고 수분을 진행하면 경쟁에서 우위를 점할 수 있다. 즉 식물들이 서로 다른 시간에 꽃을 피우는 이유는 그렇게 함으로써 수분 가능성을 높일 수 있기 때문이다. 이 방법은 겨울에 대비해서 채취 가능한 모든 꿀을 가능한 한 많이 집으로 가져가야 하는 벌들에게도 도움이 된다. 벌들이 집에 가져가는 꿀이 많아질수록 그다음 세대의 벌들이 생존할 확률은 높아지고 이와 비례해서 내년에는 수분 가능성이 더욱 높아질 것이 분명하다.

사실 꽃시계가 잘 맞는다고는 하지만 괴팅겐 대학의 연구원들이 발견한 바에 따르면 꽃의 내부 시계도 느려질 수

햇살과 낮

있다. 그리고 이런 현상도 벌을 유혹하려는 꽃의 노력과 관련이 있는 듯 보인다. 수분이 일단 완료된 다음에는 꽃들은 제시간에 영업을 종료한다. 하지만 아직 손님을 기다려야 하는 꽃들은 혹시라도 지나가는 꽃가루 매개자가 자신의 가게를 들를지 모른다는 기대감에 영업시간을 연장하기도 한다. 만약 정원의 꽃시계에서 이와 같은 뚜렷한 리듬의 변화가 감지된다면 우리가 사는 동네에 양봉가나 야생벌이 부족한 상황일 수 있다. 정말 그렇다면 정원에 벌집을 설치하거나 아예 봉군 전체를 들이는 등의 방법으로 상황을 타개해 나갈 수 있다.

해시계

빛이 있으면 그림자도 있다. 해시계는 바로 이런 원리로 작동한다. 해시계는 커다란 반원 형태의 눈금판 한가운데에 그노몬으로 알려진 지시침이 위치해 있다. 그리고 해시계가 나침반이 가리키는 방위에 따라 올바르게 정렬되었을 때 이 지시침의 그림자는 하루 종일 해시계의 눈금판 위를 이동한다. 눈금판 위에 나타나는 그림자의 진행은 태양의 위치와 일치하고, 따라서 우리는 눈금판에 새겨진 숫자나 숫자와 숫자 사이에 드리워진 그림자를 보고서 시간을 가늠할 수 있다.

하지만 이 방법만으로 시간을 가늠한다면 여러분은 약

속 시간을 지키지 못할 것이다. 앞에서 설명했듯이 해시계
는 진짜 현지 시간을 알려 주기 때문이다. 게다가 실제 시간
보다 한 시간 빨라지는 서머 타임제에 맞추어 시간을 조정
할 수도 없다. 해시계를 이용해서 정확한 시간을 알고 싶다
면 현지 표준시에서 지금 있는 위치에 따라 몇 분을 더하거
나 빼야 한다. 여름에는 여기에 추가로 한 시간을 더해 주어
야 한다. 복잡하게 들릴지도 모르지만 처음에 한 번만 시차
를 계산하면 되기 때문에 해시계를 읽는 데 비교적 금방 익
숙해질 것이다. 심지어 가능하다면 눈금판을 살짝 돌려서
한번 계산했던 시차가 저절로 반영되도록 해시계를 개조할
수도 있다. 이후부터는 해시계가 가리키는 시간이 표준시와
정확히 일치할 것이다.

오늘날 시간을 확인할 때 사용하는 보다 평범한 장치
대신에 이런 전통적인 형태의 시계를 사용하면 물론 한 가
지 장점이 있다. 해가 나는 시간만 신경을 쓰면 된다는 점
이다.

햇살과 낮

6장

계절

지구는 자전축이 약간 기울어져 있다. 대국적으로 보자면 우주에는 위나 아래가 없기 때문에 이렇게 기울어진 자전축은 사실상 아무런 의미가 없다. 하지만 기후와 시간의 지각이라는 측면에서 보면 이야기는 완전히 달라진다. 우리가 지금 이야기하고자 하는 것은 북극과 남극을 통과하는 가상의 축을 중심으로 회전하는 지구의 자전과 지구가 태양 주위를 공전하는 궤도에서의 위치다. 우리는 지구가 태양을 완전히 한 바퀴 돌면 일 년으로 친다. 이 여정에서 북반구는 태양을 향해 기울어진 채 몇 개월(여름)을 보내고 태양의 반대쪽으로 기울어진 채 또 몇 개월(겨울)을 보낸다. 북반구가 태양을 향해 기울어져 있을 때 태양은 하늘의 더욱 높은 곳에 자리하면서 우리에게 더욱 많은 온기를 제공한다. 반대의 경우에는 태양이 하늘의 더욱 낮은 곳에 자리하면서 상대적으로 기온도 낮아진다. 우리는 일 년에 걸쳐 진행되는 이 일련의 변화를 계절이라는 이름으로 경험한다.

달의 위치도 비슷한 양상으로 달라지지만, 결정적으로 정반대의 상관관계를 보인다. 즉 겨울에 북극이 태양의 반대쪽으로 기울어져 있을 때 (그래서 어두운 하늘 쪽으로 보다 기울어져 있을 때) 달은 낮 동안 보다 낮은 지평선 부근에서 나타나고 밤이 되면 하늘의 보다 높은 곳에 위치한다. 이런 현상은 별에도 그대로 적용된다. 긴 겨울밤에 더해서 향상된 가시성은 아마추어 천문가들이 겨울을 성수기로 여기는 주된 이유다.

겨울에는 자전축의 북극이 태양을 등지고 있기 때문에 남극은 자동적으로 태양을 향하게 된다(어쨌든 자전축 자체가 직선이기 때문이다). 우리가 북반구에서 추위에 떠는 동안 적도를 기준으로 반대편에는 여름이 한창이다.

지구의 공전 궤도가 완전히 둥근 형태는 아니지만, 그로 인한 지구와 태양 사이의 거리 변화는 실질적으로 계절에 아무런 영향을 주지 않는다. 매우 이상한 일이지만 실제로도 북반구는 여름보다 겨울에 태양에 더 가깝다.

순전히 천문학적인 관점에서 계절은 3월 20일(봄의 시작)과 6월 21일(여름의 시작), 9월 22일(가을의 시작) 그리고 12월 21일(겨울의 시작)에 시작하거나 끝난다. 3월 20일인 춘분

자연 수업

과 9월 22일인 추분은 일 년 중 밤낮의 길이가 같은 날이다. 즉 일출부터 일몰까지가 정확히 열두 시간이라는 뜻이다. 춘분과 추분 사이에 있는 6월 21일은 하지다. 즉 일 년 중 해가 하늘의 가장 높은 곳에 위치하는 날이다. 이 정점을 지나야만 진정한 여름이 시작되는 이유는 태양이 공기를 덥히기까지 몇 주의 시간이 필요하기 때문이다. 다시 말해서 태양이 하늘에서 가장 높은 곳에 도달한 뒤로도 어느 정도 시차를 두고 온도가 상승하고 낮이 이미 다시 짧아지고 있는 늦여름이 되어서야 대기 온도가 절정에 이른다는 뜻이다. 12월 21일 동지에 공식적으로 겨울이 시작되지만 이미 낮이 길어지기 시작한 뒤에야 날씨가 점점 추워지는 것도 같은 이유다. 낮의 길이가 같은 두 날을 비교함으로써 기온이 어느 정도로 뒤로 밀리는지 가늠할 수 있다. 예를 들어 8월 31일과 4월 11일은 하루 중 동일한 시간 동안 햇빛을 받지만, 일반적으로 8월 31일이 훨씬 따뜻하다.

각각의 계절을 차례로 집중해서 살펴보기 전에 (이 과정에서 우리의 가장 큰 관심사는 기온이 될 것이다) 짧게 서리에 관한 이야기를 하고자 한다. 봄에 언제 마지막으로 서리가 내렸는지, 그리고 가을에 언제 첫서리가 내릴지의 문제는 예민한 과일나무와 화분 식물에게 어쨌든 매우 중요한 일이기도 하다.

서리

물이 얼면 많은 식물이 훨씬 위태로운 상황에 직면한다. 우리가 재배하는 채소와 관상용 식물 중 상당수가 원래는 따뜻한 기후에서 자라던 것들이고 영하의 기온에 대비가 되어 있지 않기 때문이다. 하지만 토종 관목과 나무도 이제 막 꽃과 잎이 나기 시작하는 봄에 서리가 내리면 심각한 피해를 입을 수 있다. 나무 몸통이나 목질화된 줄기나 잔가지와 달리 식물의 갓 자란 녹색 부위는 한파의 충격을 견디지 못한 채 서서히 죽어 간다. 이처럼 냉해를 입은 식물은 웃자랄 수 있으며 가을에도 수확을 기대할 수 없다.

이런 이유로 텃밭이나 정원을 가꾸는 사람들은 매년 봄마다 똑같은 문제에 직면한다. 겨우내 화분에 재배해 온 꽃들을 언제 밖으로 옮겨 심어야 할까? 관상용 관목인 협죽도는 언제쯤 온실에서 나올 수 있을까? 토마토나 호박을 언제 텃밭에 심어야 할까? 가을에도 비슷한 고민이 생긴다. 첫서리가 내리면 식물은 성장이 멈추고 아직 수확되지 않은 채 텃밭에 남아 있는 것은 무엇이든 별로 먹음직스럽지 않은 곤죽으로 변할 것이다. 기온이 떨어진 상태에서 낮에 날씨가 맑고 건조하다면 조만간 서리가 내릴 것을 예상할 수 있고 그에 따른 대비를 할 수 있다. 아직은 마지막 수확물을 거둘 시간이 있으며 화분 식물을 온실이나 집 안으로 들여놓고 예민한 여러해살이 식물을 보온용 원단으로 덮어 줄 시간도 충분하다.

진짜 위험은 예상하지 못한 서리와 함께 찾아온다. 이를테면 땅이 축축한 상태에서 날씨가 갑자기 변할 때 불시에 서리가 내릴 수 있다. 비를 몰고 온 온난 전선이 지나간 뒤에 맑은 하늘이 이어진다면 전형적인 상황이다. 저기압의 한랭 전선이 머무는 지역은 날씨가 유독 맑기 마련이며 구름이 사라지면서 대기는 보온 역할을 하는 담요를 잃게 된다. 따라서 밤이 되면 기온이 급격히 떨어진다. 앞서 내린 소나기의 수분이 천천히 증발하기 시작하면서 습기를 머금은 토양도 기온을 낮추는 데 일조한다. 때로는 공기 중에 수증기가 급증하면서 목초지나 숲에 짙은 안개가 생성되고 이 과정에서 지표면 부근의 공기가 열을 빼앗기기도 한다. 그로 인해 지표면의 온도는 몇 도나 떨어질 수 있으며 봄이나 가을에는 이 몇 도의 차이가 자주 결정적인 역할을 한다. 온도계가 영상 4도를 가리키는 경우에도 화단의 꽃들은 사실상 얼 수 있다. 온도계를 일반적으로 사람의 눈높이에 맞추어 설치하는 것이 문제다. 실제 지표면의 온도를 알려면 온도계를 지표면에 설치하거나 온도계가 설치된 높이를 고려해서 측정값을 보정해 주어야 한다. 우리는 일기 예보에서 알려 주는 수치들이 지상 2미터 높이의 기상 관측소에서 측정된 값에 기초하고 있음을 유념해 둘 필요가 있다. 엄밀히 말하자면 우리 정원에 특화된 구체적인 날씨 예보가 있어야 하지만 일기 예보관들도 우리의 곤란한 상황을 모르지 않기

계절

에 적어도 서리가 내릴 것 같은 날씨에는 일반적으로 미리 경보를 발령한다.

대기 온도가 영상 4도일 때 정원에 서리가 내릴 위험이 있는지는 정원이 배치된 형태에 달려 있다. 정원이 바람에 그대로 노출되어 있고 잔디밭과 화단도 노출되어 있다면 서리에 예민한 식물들을 보호하는 데 각별하게 신경을 써 주어야 한다. 반대로 정원이 확실하게 자리를 잡은 나무들과 울타리에 둘러싸여 있다면 2도 정도 기온이 더 내려간 다음에 조치에 나서도 늦지 않다. 바람이 들지 않는 아늑한 지형은 지표면의 온도가 매우 느리게 떨어진다. 이런 효과는 나무 아래 주차된 자동차에서도 관찰된다. 즉 완전히 노출된 곳에 주차된 자동차에 비해서 차창이 금방 얼지 않는 것을 볼 수 있다.

같은 종이라도 모든 개체가 교본에서 이야기하는 대로 반응하는 것은 아니다. 따라서 어떤 식물이 서리에 저항력이 있을지, 그래서 정원에서 계속 살아남을지는 그때그때 다르다. 정원을 가꾸는 입장에서 서리에 저항력이 있는 것으로 알고 있던 식물이 서리 피해를 입으면 정말 골치가 아프다. 막상 서리 피해가 발생하면 잘못된 정보를 주었다면서 무조건 원예점만 탓할 수도 없다. 내한성을 가진 식물이 동사하는 이유는 매우 많기 때문이다.

첫 번째 가능성은 외래 식물의 경우다. 먼 외지에서 수

입된 많은 식물이 우리와 비슷한 기후를 가진 유럽 곳곳에서 재배되고 있으며 일 년 내내 정원에서 아무런 문제 없이 살아남는다. 일반적으로 기후 조건이 원산지와 대략이나마 비슷한 까닭이다. 그렇지만 단지 비슷할 뿐이다. 수입된 식물은 토종 식물보다 어쩌면 으레 2주 늦게 월동 준비를 시작할 수 있다. 따라서 평소와 다름없는 해라면 전혀 문제가 없겠지만 겨울이 유독 빨리 찾아온 어느 해에는 추위에 무방비로 노출될 수 있다.

두 번째 가능성은 재래종의 경우다. 재래종은 일반적으로 혹독한 겨울 날씨에 대처하는 데 아무런 문제가 없다(그렇지 않았다면 진작에 멸종했을 것이다). 그럼에도 때때로 곤경에 처하기도 한다. 어린나무나 관목은 모체의 보호를 받으면서 자라는 데 익숙하기 때문에 영하의 기온이 재앙이 될 수 있다. 게다가 더욱 자연적인 환경이라면 흙은 부엽토로 두껍게 덮여 있어서 훨씬 따뜻한 상태로 유지될 것이다.

하지만 대다수의 정원은 완전히 노출된 노지와 비슷한 기후를 보인다. 맑고 긴 겨울밤에는 바람이 차츰 잦아들면서 지표면이 아무런 방해도 받지 않고 모든 온기를 대기로 방출한다. 특히 지표면과 맞닿은 공기층이 많은 열을 방출하면서 비정상적으로 빠른 냉각 효과를 가져온다. 이 같은 변화가 정원의 식물들에게 의미하는 바는 키가 작을수록 (그래서 지표면에 가까이 붙어 있을수록) 큰 위험을 감수해야 한다는 것이다. 예컨대 아직 땅바닥에 붙어 있다시피 한 어린 나무들은 키가 좀 더 커지고 성숙한 상태가 되었을 때 가지가 견뎌야 하는 것보다 10도 가까이 낮은 온도를 견뎌야 한다. 물론 관목이나 나무의 키가 아무리 커지더라도 그들의 밑동이나 줄기의 기저 부분은 여전히 지표면과 가까울 것이다. 그렇다면 다 자란 나무들은 왜 얼지 않을까? 바로 목질화된 줄기 때문이다. 유리 섬유와 비슷한 구조를 가진 나무는 매우 단단하고 탄력이 있는 동시에 어느 정도 유연성을 지녔다. 영하의 기온에 노출되어도 갈라지거나 세포가 파열되지 않는다. 얇은 가지의 경우에는 이 목질화 과정이 아직 완료되지 않은 상태다. 즉 아직 겉 부분이 목질화되어 단단해지지 않은 상태여서 부드러운 조직이 서리에 쉽게 피해를 입을 수 있다.

어린나무는 더 나이 먹은 나무나 관목의 그늘 아래서 자랄 때 서리로부터 안전하다. 오래된 나무나 관목의 수관이 맑은 겨울밤의 혹독한 추위로부터 어린나무를 보호해 주기 때문이다. 사방이 탁 트인 정원에 나가 보면 상황은 훨씬 가혹하다. 하지만 약간의 도움만 주어도, 혹독한 겨울 날씨에서도 어린나무나 관목은 살아남을 확률이 매우 높다.

지표면의 온기를 빼앗기지 않으려면 보통은 식물에 얇은 천만 덮어 주어도 충분하다. 여러해살이 식물을 보호하기 위해서 천을 덮어 주는 것과 비슷하다. 이렇게만 해 주어도 지표면 온도가 몇 도는 올라가며, 때로는 이 몇 도의 차이로 삶과 죽음이 갈리기도 한다.

서리에 가장 예민한 부위는 부드럽고 어린 가지다. 어린 가지는 아직 성장하는 중이라서 그 안의 세포가 연하고 녹색이다. 이 세포 내부에 목질소가 생성되어 퇴적되고 줄기가 단단해져서 영하의 날씨를 견딜 수 있기까지는 몇 주가 걸린다. 겨울이 오기 훨씬 전에 이 모든 과정을 완전히 끝내기 위해서 나무나 관목은 여름부터 외적인 성장을 중단한 채 안정성 개선을 위한 내부적인 작업에 돌입한다. 그런데 이 시기에 지나치게 많은 비료(질소 비료는 특히 위험하다)를 주면 모든 것이 엉망이 된다. 약 기운에 취한 식물이 안정성은 도외시한 채 오로지 성장에만 집중하는 까닭에 가을이 되었을 때 제때에 세포의 목질화 작업을, 즉 진정한 나무로 거듭나기 위한 작업을 시작할 준비가 되어 있지 않은 경우가 많다. 하룻밤의 된서리는 아직 다 자라지 못한 어린 가지를 얼려 버리고 갈변을 유발하기에 충분하다. 여기서 더 나아가면 어린나무를 죽음으로 내몰 수도 있다. 따라서 비료는 최대한 아껴야 한다. 모든 식물은 천천히, 그러면서 확실하게 성장하는 편이 낫다.

그렇다고 서리가 마냥 나쁜 것만은 아니다. 나는 서리를 대신해서 짧게나마 변론을 해야 할 것 같다. 우리 재래종 식물들에게는 어쨌든 서리가 필요하다. 좀 더 정확히 말하자면 서리로 인한 강제된 휴식이 필요하다. 중부 유럽에서 자라는 나무들을 분재로 만들어서 일 년 내내 집 안에서 키울 수 없는 것도 바로 이 때문이다. 인간이 규칙적으로 잠을 자야 하듯이 온대 지방의 식물들도 두세 달 동안 잠을 잘 필요가 있다. 봄이 되어야만 식물들도 새싹을 틔우고 다시 성장할 힘이 생긴다.

매우 구체적인 특정한 기상 조건에서 자연은 우리에게 감탄할 만한 매우 이례적인 볼거리를 선사한다. 바로 '서리 모毛'라는 이름으로 불리는 현상이다. 서리 모는 다양한 활엽수종의 나무 중 땅에 떨어진 죽은 나뭇가지에서 만들어지며 아주 섬세한 얼음 실들로 이루어진 털처럼 보인다. 수많은 '털'이 아주 가까이 뭉쳐 있는 형태이며 각각의 털은 길이가 몇 센티미터에 이르기도 한다. 손으로 만지면 솜털 같은 얼음 조직이 녹으면서 깨끗한 물로 변한다.

이 진귀한 현상을 일으키는 장본인은 죽은 나뭇가지 속에서 끊임없이 일하는 곰팡이균이다. 비교적 따뜻하고 습한 겨울 날씨가 한동안 지속되고 나서 밤하늘이 맑고 기온이 영하로 떨어질 때가 있다. 따뜻하고 습하다는 건 곰팡이균에게 이상적인 조건이다. 나무 속 곰팡이균은 추위로부터 보호를 받는 동시에 약간의 온기를 생성한다. 그들은 활동하는 과정에서 숨을 쉬고 이때 내쉰 숨이 나무의 기공을 통해 밖으로 나오면 숨 안에 내포된 수분이 그 즉시 얼어붙는다. 서리 모는 나뭇가지가 온기를 잃고 곰팡이균이 활동을 중단할 때까지 길이가 점점 길어진다. 그렇게 아침이 되면 백색의 얼음 털옷을 입은 죽은 나뭇가지들이 발견되지만 너무 연약해서 그날의 첫 햇살을 받자마자 곧바로 흔적도 없이 사라진다.

봄

겨울이 계절의 변화를 알리는 찬 이슬비와 함께 서서히 물러가는 듯 보일 때면 나는 얼른 밖으로 나가서 다시 정원을 가꿀 생각에 안달한다. 오랜 기다림 끝에 마침내 식물들의 움직임을 염탐하기 시작하고 그들에게서 일어나는 변화를 추적한다. 3월이 되어 드디어 날이 따뜻해지기 시작하면 정원에 나가서 커피를 마시며 숨을 고른다.

우리 집 아이들은 어릴 때 걸핏하면 나에게 이렇게 물었다. "언제 봄이 와요?" 말하자면 시간의 흐름상 공식적으로 봄이 시작되기 위해서는 몹시 추웠던 나날이 이제 끝났음을 알리는 날씨 변화가 반드시 수반되어야 한다고 생각하는 듯했다. 하지만 봄이 언제 시작되는지에 관해서는 다양한 정의가 존재한다. 앞에서 보았듯이 천문학에서는 태양을 중심으로 한 지구의 공전 주기를 중시하고 북반구를 기준으로 3월 20일이나 21일부터 봄이 시작된다고 규정한다. 이날은 전 세계에서 밤과 낮의 길이가 정확히 똑같은 날이다. 이

때부터 태양은 낮 동안 더 높은 하늘에서 뜨고 북반구를 다시 활발하게 데우기 시작한다.

반면에 기상학자들은 3월 1일을 봄의 시작으로 정의한다. 그들은 계절을 월별로 나누는데 3월부터 벌써 영양 생장기 즉 활성기가 시작되는 식물들이 많기 때문이다. 세 번째는 원예학에서 사용하는 정의다. 원예학에서는 식물의 생활주기를 기준으로 봄을 정의한다. 즉 어떤 특정한 식물이 활동을 개시했다면 해당 종에게는 이미 봄이 시작되었다고 보는 것이다. 봄의 시작을 이렇게 볼 때는 해당 지역의 종 다양성까지 고려했을 때 봄의 시작점이 무수히 많아질 수밖에 없다. 게다가 위도와 고도만 식물의 성장이 시작되는 시기에 영향을 주는 것도 아니다. 불과 몇 킬로미터에 걸친 좁은 지역 내에서도 식물의 영양 생장기는 지면에 접한 대기층의 기후, 즉 미기후微氣候에 따라 매우 다를 수 있다.

이런 다양성에도 불구하고 나는 마지막 세 번째 정의가 정원을 가꾸는 사람들에게 가장 유용하다고 생각한다. 달력은 이제 봄이라고 말하는데 정원에는 여전히 눈이 쌓여 있다면 무슨 소용이 있을까? 화단을 가꾸려는 사람에게는 자신이 사는 지역의 미기후가 계절의 어디쯤 와 있는지 아는 것이 훨씬 중요하다. 그리고 우리는 몇몇 전형적인 식물들을 참고함으로써 이러한 계절의 흐름을 따라갈 수 있다.

전문가들은 영양 생장기 과정을 더욱 자세히 나타내기

위해서 계절을 세분한다. 세분화는 독일의 농업 기상학자 프리츠 슈넬 박사가 1955년에 발전시킨 개념을 바탕으로 한다. 특정한 식물들의 계절별 특징을 참고해서 슈넬은 한 해를 열 개의 '생물 기후학적 계절'로 구분한 달력을 만들었다. 이 구분에 따르면 활동적인 계절인 봄, 여름, 가을은 각각 세 개의 시기로 세분되고 열 번째 시기는 겨울이다.

보통 봄맞이 시기는 일반 달력에 따르면 공식적으로 아직 겨울이고 정원에 한 해의 시작을 알리는 눈풀꽃이 필 때 시작된다. 나뭇가지에 주렁주렁 매달린 채 꽃가루를 풀풀 날리는 개암나무의 꽃차례와 더불어 눈풀꽃은 우리에게 이제 슬슬 화단을 준비해도 된다고 알려 준다. 조금 무리하면 누에콩 같은 한 해의 첫 번째 채소를 파종할 수도 있다.

까치밥나무에서 꽃봉오리가 올라오면 이때부터 초봄이다. 까치밥나무의 바로 뒤를 이어서 야생 자두나무와 벚나무도 꽃을 피우는데 잎은 나중에 나온다.

사과꽃은 완연한 봄이 왔다는 표시이며 날씨도 이제는 정원에 나가 앉아서 커피를 마실 수 있을 만큼 충분히 따뜻하다.

독일에는 남쪽에서 북쪽으로 이동하는 전국의 사과꽃 개화 시기를 추적할 수 있는 다양한 웹 사이트들이 있으며, 마찬가지로 일본에도 전국에 벚꽃이 피는 시기를 알 수 있는 웹 사이트들이 있다.

사과꽃이 지는 순간부터 정원을 가꾸는 사람들은 여름을 기다리면서 안달하지만, 아직 마지막 꽃샘추위가 심술을 부릴 위험이 남아 있기 때문에 이 과정이 마냥 순조롭지만은 않다. 꽃샘추위는 일시적인 한파가 반복되는 현상이며 유럽에서는 전통적으로 얼음 성자들의 축제일로 알려져 있다. 얼음 성자들은 축제일이 5월 11부터 15일 사이인 일단의 성자들에게 부여된 이름이며 전통적으로 이 주에는 마지막으로 서리가 내릴 확률이 높은 것으로 여겨진다. 따라서 많은 사람이 이 주가 지나기를 기다렸다가 추위에 약한 식물을 파종한다. 그렇다면 마지막 서리를 예측하는 이 전통적인 방식은 얼마나 믿을 만할까? 안타깝게도 전혀 믿을 만하지 않다. 이 기간에 마지막 서리를 내리는 독특한 기상 현상은 오랫동안 일어나지 않고 있을뿐더러 어느 해에는 의외로 5월 말에 서리가 내리기도 했다. 기상 활동 외에도 고도와 지형도 서리가 내리는 데 일정 부분 역할을 한다. 물론 분지보다는 구릉 지대의 온도가 대체로 낮은데 이는 얼음 성자들이 늦은 봄까지 구릉 지대를 급습할 수 있다는 뜻이다. 우리가 거주하는 해발 500미터 정도의 고도에서는 6월 초까지 수시로 서리가 내리고 그래서 우리는 얼음 성자들이 소환하는 꽃샘추위에 수많은 꽃을 제물로 바쳐야 했다(화단에 봄꽃을 심는 일과 관련해서는 누구나 그렇지만 마음이 조급해지는 까닭이다). 주변을 둘러싼 산에서 찬 바람이 불어오는 일부 불운한

자연 수업

분지에서는 꽃샘추위와 비슷한 '계절에 맞지 않는' 일시적인 한파를 경험할 수도 있다. 물이 주변 공기를 데워 주는 역할을 하는 지형은 낮은 평원과 큰 유역뿐이며 이런 곳에서는 5월 초에 얼음 성자들의 축제일이 끝나면 보통 서리가 내리지 않는다. 기후 변화에 따른 영향도 믿을 수 없기는 마찬가지다. 늦게까지 서리가 내리는 경우가 점점 줄어드는 추세인 것은 분명하지만 그럼에도 가능성은 여전히 존재한다.

봄이 끝나 갈 즈음의 동물과 식물은 이미 많은 중노동을 완료한 상태다. 나무와 관목은 수많은 잎에 더해서 아직은 녹색이 채 가시지 않은 길고 여린 나뭇가지를 만들었을 터이고 풀이나 화초는 어느새 훌쩍 자라서 꽃을 피웠을 것이다. 심지어 부지런한 몇몇 식물은 이미 열매까지 맺었을 것이다. 한편 동물의 왕국 육아실에서는 올해 태어난 새끼들이 이미 어느 정도 자라서 분가를 마쳤을 것이다. 하지만 다가오는 몇 달 동안은 아직 할 일이 남아 있다. 어린 나뭇가지는 단단한 나무가 되어야 하고, 꽃은 씨앗을 만들어야 하며, 어떤 동물은 다음 세대나 다다음 세대를 낳아서 길러야 한다. 하지만 새끼를 낳기 전까지 자신의 영역을 지켜야 했던 초봄과 비교하면 이 모든 것은 어린아이 장난에 불과하다. 식물도 마찬가지다. 겨울의 끝에서 마지막 남은 기운을 쥐어짜서 다시 삶을 시작하기까지 힘들었던 시작 과정과 비교하면 열매를 맺는 일쯤은 한없이 간단한 임무에 불과하다. 자신의 영역을 지켜야 한다는 점에서는 식물도 동물과 다르지 않다. 햇살이 잘 내리쬐는 자리는 싸워서 지켜 낼 만한 가치가 있다. 봄이 끝나면 이처럼 격심하고 격렬한 활동의 시기도 끝나고 따뜻한 계절은 상대적으로 평화로운 상태에서 봄에 시작된 일을 마무리하는 데 이용된다. 어쩌면 우리 인간은 삶이 보다 완만한 속도로 진행될 만큼 안정되면서 이런 일들을 너무 본능적으로 하고 있을지도 모르겠다. 여름 문턱을 넘어선 정원이 그토록 평화롭게 느껴지는 이유가 분명히 태양의 따사로운 햇살 때문만은 아닐 것이다.

여름

오로지 과학적인 관점에서 보자면 여름은 일 년 중 낮의 길이가 가장 긴 6월 21일(천문학적 정의)이나 6월 1일(기상학적 정의)에 시작된다. 하지만 우리는 계속해서 식물의 관점에서 보자. 여름은 목초지의 풀들이 꽃을 피우면서 시작된다. 조금 지나면 트랙터들이 건초 수확에 나서고 정원에서는 딱총나무가 꽃을 피운다. 정원에 딸기를 심었다면 이제 몇 주에 걸쳐 딸기를 수확할 수 있을 것이고 채소들이 놀라운 속도로 자랄 것이다. 감자꽃은 여름이 절정을 향해 나아가고 있음을 알려 준다. 이즈음에는 주말농장에 있는 대다수 농작물이 작은 열매를 맺는다. 그리고 이 열매들은 따뜻한 햇살을 받으며 탐스럽게 여물어 간다.

동물들의 세계에서 여름은 지극히 풍요로운 시기다. 먹을 것이 넘쳐날 뿐 아니라 대체로 건조하고 따뜻한 날씨가 새끼들을 건강하게 키울 수 있도록 도와준다. 어린 동물들이 중요한 생존 기술을 배울 수 있는 비교적 평화로운 시기가 한동안 지속된다. 그럼에도 추운 계절은 언제나 너무 빨리 찾아온다. 그 결과 어린 동물들은 열 마리 중 여덟 마리꼴로 태어난 첫해에 목숨을 잃는다.

마가목 열매가 빨간색으로 변할 때 여름은 막바지를 향해 간다. 다만 가을이 온 것처럼 보이는 순간에 때때로 반가운 여름 날씨가 짧게 지속되기도 한다. 영미권에서 인디언 서머라고 부르는 현상이다. 일 년 중 이 시기가 되면 수많은 어린 거미들이 그들의 은빛 거미줄에서 저 멀리 번지 점프를 하는 모습을 볼 수 있다. 이때 가느다란 거미줄의 모습이 노부인의 흰머리처럼 보인다고 해서 독일에서는 이 시기를 노부인의 여름Altweibersommer이라고 부른다

가을

나뭇잎이 다채로운 색깔로 물들면 바야흐로 수확의 시간이다. 이때가 되어야만 비로소 대다수 식물의 씨앗과 열매가 여문다. 식물들이 가능한 한 오래도록 영양분을 흡수하기 위해 유분이나 당분, 전분 등의 형태로 비축분을 저장하려 하기 때문이다. 씨앗의 형태로 겨울을 나야 하는 한해살이

계절

식물들에게 비축은 특히 중요한 문제다. 그 밖의 종들은 그들의 줄기나 뿌리에 겨울 비축분을 저장한다.

이런 노력은 텃밭에서도 관찰된다. 당근이나 감자, 달콤한 파스닙은 하나같이 '지하 저장고'에 그들의 전분과 당분을 저장한다. 목적은 봄이 되면 어느 순간에 갑자기 다시 삶을 시작하기 위해서다. 몇 주에 걸쳐 모든 비축분을 먹어 치우는 지난한 과정이다. 그렇지만 이들 두해살이 식물은 한해살이 식물에 비해서 분명한 장점을 가진 셈이다. 한해살이 식물은 씨앗에서 싹을 틔우는 과정을 매년 처음부터 다시 반복하고 어린 새싹에서 성장에 필요한 에너지를 서둘러 생산해야 하기 때문이다.

마찬가지로 풀도 빽빽한 뿌리에 영양분을 비축한다. 들쥐들이 그토록 건강하게 겨울을 날 수 있는 이유도 여기에 있다. 들쥐는 표토층을 누비듯 뻗은 영양 만점인 뿌리를 정말 좋아한다.

일명 나신의 여인들이라고도 알려진 콜키쿰이 만개하면 우리는 가을이 왔음을 알게 된다. 밤에 하늘이 맑다면 어쩌면 첫서리가 내릴 수도 있다. 추위에 민감한 화분 식물은 이제 집 안이나 온실 안으로 들여놓아야 한다.

가을이 절정에 이르면 수확의 계절이 시작된다. 지금이야말로 사과를 따고 감자를 캘 시간이다. 이때가 지나면 예컨대 양배추나 근대, 겨울 무, 파스닙 같은 서리에 강한 채소들만 남기고 텃밭을 정리해야 한다.

관목과 낙엽수도 그들의 태양 전지판을 정리한다. 즉 광합성을 중단한 채 겨우내 동면하면서 휴식을 취하기 위해 나뭇잎을 떨구고 표면적을 최소화함으로써 가을 폭풍의 맹공격에 대비하는 것이다. 원래처럼 잎이 풍성한 상태로는 돛에 바람을 안고 달리는 범선과 다를 것이 없기 때문이다. 이 마지막 단계에 이르러 늦가을은 겨울을 재촉한다.

기온이 낮아지면 수많은 종의 새들이 남쪽으로 여행을 시작한다. 새들이 피난을 떠나는 데는 서리를 피하려는 이유도 있지만 눈 때문에 먹을 것이 부족해지는 탓도 있다. 몇몇 예외가 있기는 하지만 진정한 철새들이 하나같이 더 따뜻한 곳으로 이동한다면, 소위 '불완전한' 철새들은 때때로 원래 있던 곳에서 겨울을 나기도 한다. 반면에 정주성 조류인 텃새들은 일 년 내내 우리 주위에 머물면서 이동하지 않는다.

새의 이동은 오랜 시간이 지난 지금까지도 수수께끼로 남아 있으며 대체로 본능적이고 유전적으로 설계된 행동으로 여겨진다. 하지만 두루미를 비롯한 몇몇 종들은 원래부터 그렇게 하도록 타고난 것이 아니다. 그들은 얼마든지 떠나지 않기로 결정할 수 있다. 이동을 하는 경우에도 언제 대여정을 시작할지 스스로 결정한다. 그리고 이런 그들의 자의적인 결정은 우리가 날씨를 예측할 때 참고할 수 있는 또 다른 자연 현상이 된다.

계절

두루미와 기러기를 비롯한 많은 종은 남쪽으로 탈출하는 데 앞장서지 않을뿐더러 굳이 달력에 집착하지도 않는다. 유전으로 볼 수 있는 유일한 측면은 생활이 불편해졌을 때 이동하려는 욕구 즉 본능적인 방랑벽이다. 그들에게 여행을 시작하게 만드는 것은 날씨의 변화다. 예를 들어 날씨가 갑자기 불편할 정도로 추워지거나 눈이 많이 내리기 시작하면 그들은 자신들이 딱히 한곳에 머물러 있을 필요가 없다는 사실을 기억해 낸다. 그리고 생각한다. '바로 그거야. 여기를 벗어나자!' 반대로 날씨가 계속 따뜻하고 비가 자주 온다면, 그리고 북부의 들판이나 초원에 아직 먹을 것이 충분하다면 출발을 미룰 것이다. 날씨가 따뜻하면 출발을 미루는 데는 매우 현실적인 이유도 있다. 온화한 기온은 북부 지역에 남유럽의 따뜻한 기온을 품은 남풍이 불고 있다는 뜻이다. 그런데 철새들에게 이 남풍은 역풍으로 작용하고, 그런 상황에서 하늘을 날려고 하면 그야말로 중노동이 될 것이다. 반대로 갑작스러운 한파는 보통 북쪽에서 불어오는 강풍 즉 뒷바람을 동반하기 때문에 철새들을 비교적 힘들이지 않고 남쪽으로 데려다주는 완벽한 운송 수단이 된다. 따라서 대규모 두루미 떼나 철새 무리가 보인다는 것은 북쪽에 한파가 들이닥쳤다는 반증이며 일반적으로 겨울이 멀지 않았다는 의미다.

봄에는 이 같은 상관관계가 반대로 작용한다. 남쪽의

기온이 올라가면 뒤에서 부는 따뜻한 남풍을 타고 북쪽의 원래 번식지로 날아가기가 수월해지면서 철새들은 다시 이동을 시작한다. 따라서 철새들이 돌아오는 것은 봄의 시작을 알리는 꽤 신뢰할 만한 지표다. 하지만 나라면 날씨 예언자로서 두루미의 이동을 전적으로 신뢰하지는 않을 것이다. 기상 여건이 변하면서 곤란에 처한 무리가 원래 계획과 달리 도중에 여행을 중단하기도 하기 때문이다.

홍방울새처럼 흔히 보기 어려운 손님이 예기치 않게 정원을 찾아오는 일은 특히 흥미진진하다. 박새와 비슷한 덩치를 가진 이 갈색 새들은 북부 침엽수림대인 타이가에서 남쪽으로 내려와 겨울을 보내는데 보통은 북해와 발트해 연안보다 더 남쪽으로 내려가지 않는다. 하지만 폭설이 내리면 유럽의 내륙으로 우회하는 까닭에 이를테면 더 남쪽에 있는 독일의 가정집 정원에 내려앉아 있는 모습이 종종 관찰되기도 한다. 그리고 이들의 등장은 혹독한 겨울이 다가오는 중이라는 또 다른 신호가 될 수 있다. 정원에 계피색 갈기를 가진 멧새나 여새, 잣까마귀가 모습을 나타낼 때도 동일한 경우로 이해될 수 있다.

중세 시대에는 시베리아 어치가 종종 북부 침엽수림대에서 중부 유럽까지 내려오고는 했다. 당시 사람들은 이 회갈색 새의 등장이 무엇을 암시하는지 잘 알았다. 그것은 지독하게 혹독한 겨울의 도래를 알리는 징표였다. 그리고 혹독한 겨울 날씨는 가뜩이나 고달픈 삶이 더욱 힘들어질 것임을 의미했기 때문에 독일에서는 북쪽에서 내려온 이 전령들을 '불길한 어치'라고 불렀다.

철새들의 출발 지점과 목적지가 유전학적으로 설계된 것은 아니라는 점에서 기후 변화가 그들의 이동 형태에 이미 실질적인 영향을 주고 있다는 사실은 의심의 여지가 없다. 어느 해에는 가장 먼저 떠났던 철새들이 다시 고향으로 출발하려는 시점을 불과 몇 주 앞두고 마지막 주자로서 두루미들이 남쪽으로 출발하기도 한다. 검은머리딱새나 노래지빠귀 같은 몇몇 종들은 많은 경우에 더 이상 이동하기를 포기한 채 독일에서 겨울을 보낸다.

봄에도 그렇듯이 첫서리가 내릴 시점과 관련해서는 장기적인 예측이 불가능하다. 날씨에 세심한 주의를 기울이고 앞서 서리에 대해 다룰 때 제시한 대로 정원에 준비를 갖춘다면 적어도 추위에 민감한 식물들이 하룻밤 사이에 예기치 못한 고약한 상황에 처하는 사태는 막을 수 있을 것이다. 안타깝게도 이 분야에서는 절대적인 경험 법칙이 존재하지 않는다. 즉 어느 해에는 기온이 9월에도 영하로 떨어지는 반면에 어느 해에는 11월까지 영상의 기온을 유지하기도 한다. 기후 변화 때문에 첫서리가 내리는 시기는 늦어지겠지만 그럼에도 갑작스레 강력한 한파가 올 가능성을 배제할 수 없다.

겨울

나는 겨울을 좋아한다. 집 밖에서 찬 바람이 휘몰아치고 세상이 눈 아래 잠겨 있는 동안에도 집 안은 아늑하고 따뜻하기 때문이다. 단점이라면 이 시기에는 정원에서 시간을 보낼 일이 좀처럼 없다는 것이다.

식물에게는 사정이 전혀 다르다. 겨울은 모든 성장이 멈추는 일 년 중 가장 혹독한 시간이다. 겨울의 정원은 사실상 사막이나 다름없다. 기온이 영하로 떨어지면서 수분 공급이 중단되기 때문에 식물의 입장에서는 사하라 사막만큼이나 건조한 곳이 된다. 식물들은 감염이나 상처를 포함해서 더 이상 어떤 것에도 대응할 수 없다. 이 같은 활동 중지 상태를 촉발하는 주범이 바로 서리다. 나무와 관목, 한해살이풀과 여러해살이 식물에게 서리란 이를테면 그들의 혈관에 흐르는 피를 얼려 버리는 찬 공기 같은 존재다. 게다가 얼음은 동일한 양의 물보다 부피가 크기 때문에 세포까지 파괴할 수 있다.

이 같은 죽음을 모면하기 위한 다양한 전략이 있다. 많은 종이 동결 방지 기술을 단념하고 그로 인해 오래 살아남지 못한다. 그런 식물들은 밤 사이 내린 첫 서리에 바로 얼어 죽는다. 그리고 오직 씨앗의 형태로만 추운 계절을 견뎌 낸다. 이 상태에서는 수분을 거의 함유하지 않기 때문에 영하의 기온에서도 아무 탈 없이 살아남을 수 있다. 봄에 다시 삶을 시작할 수 있도록 각각의 씨앗은 유분과 지방의 형태로 에너지를 비축한다. 하지만 이런 방식으로 겨울을 나는 데는 나름의 단점이 있다. 11월부터 이듬해 3월까지 배고픈 새와 포유동물은 눈에 불을 켜고서 이 맛있는 먹거리를 찾아다니고 그렇게 겨울이 미처 끝나기도 전에 작지만 고열량을 가진 씨앗들을 닥치는 대로 먹어 치운다.

목질화된 나무와 관목처럼 완전히 자란 식물들이 취하는 동면은 조금은 덜 위험한 방법이다. 동면에는 봄이 될 때마다 다시 처음부터 시작할 필요가 없으며 매년 조금씩 성장할 수 있다는 장점이 있다. 다만 겨울에 얼어 죽지 않기 위해서 밑둥과 가지에 들어 있는 대부분의 수분을 외부로 배출해야 한다. 목질화된 세포는 튼튼한 동시에 회복력을 가지고 있어서 혹시 얼더라도 파괴되지 않는다.

여기에 더해서 이들 여러해살이 식물들은 다른 전략도 병행한다. 땅 위에 노출된 특정 부위에 작별을 고하는 것이다. 낙엽수 같은 경우에는 잎에 비축된 영양분만 회수하지만 여러해살이풀들은 여기서 한 단계 더 나아가서 어린줄기까지 죽게 놔둔다. 여름 내내 뿌리에 비축한 충분한 영양분을 바탕으로 이듬해 봄이 되면 다시 새로운 줄기를 만들 수 있기 때문이다.

한해살이 식물에 비하면 여러해살이 식물은 결정적인 장점을 가졌다. 봄에 기온이 올라가자마자 곧바로 활동을 재개함으로써 아주 작은 씨앗에서 시작해서 서서히 매우 힘들게 커 가야 하는 한해살이 식물보다 높이에서 우위를 점할 수 있기 때문이다. 하지만 여러해살이 식물의 지하 저장고는 약탈자들 때문에 겨울에 특히 위험에 처한다. 들쥐에게는 여러해살이 식물의 뿌리가 인기 있는 별미인 까닭에 땅속에서 이 같은 보물을 발견하자마자 닥치는 대로 먹어 치울 것이기 때문이다.

겨울이 동물에게 가장 힘든 계절인 것은 맞지만 단지 춥기 때문만은 아니다. 따뜻하고 점점 더 두께가 더해지는 털가죽이나 촘촘한 깃털로 어쨌든 체온은 보호할 수 있기 때문이다. 가을에 제공되는 풍부한 먹거리도 더욱 두껍고 보온 효과가 뛰어난 피하 지방층을 만들어서 추위에 맞설 수 있도록 도움을 준다. 게다가 필요하다면 가장 힘든 몇 달 동안 내내 잠을 잘 수도 있다. 식물이 활동을 중단한 채 아무것도 생산하지 않는 까닭에 어차피 먹을 것도 별로 없다. 그나마 육식 동물은 적어도 초반에는 형편이 나은 편이다. 풍요로운 여름을 보내면서 포동포동하게 살이 오른 다양한 동물의 새끼들이 이제는 훌륭한 먹이가 되어 주기 때문이다. 어린 동물의 미숙함은 그들을 손쉬운 먹잇감으로 만든다. 실제로 평균 80퍼센트의 야생동물이 태어난 첫해를 넘기지 못하고 목숨을 잃는다.

서리도 문제가 될 것이 없다. 곤충을 포함하여 모든 동물은 나름의 대응 기제를 가지고 있다. 일반적인 생각과는 반대로 혹독한 겨울은 동물의 개체 수에 거의 영향을 주지 않는다. 그렇지 않았다면 이미 오래전에 곤충 대다수가 멸종했을 것이다. 같은 이유로 겨울에 유독 추웠다고 해서 다가오는 봄에 모기나 진드기를 비롯한 다른 해충들이 줄어들 거라는 보장도 없다.

동물의 입장에서 더욱 견디기 힘든 것은 차고 축축한 날씨다. 빙점을 약간 웃도는 온도에서 비나 안개는 체온을 빠르게 떨어뜨린다. 습기와 한기의 만남은 손쉽게 여분의 옷을 껴입을 수 있는 인간에게도 최악의 조합이다. 건조한 공기보다 물의 열전도율이 높기 때문에 체온이 훨씬 빨리 떨어진다. 결국, 동물들은 최소한으로 요구되는 체온을 유지하기 위해 더 많은 에너지를 소비해야 한다. 그리고 혹시라도 비축된 지방이 너무 이른 시점에, 즉 겨울이 끝나기 전에 고갈되어 버리면 목숨을 잃을 수밖에 없다.

어떤 겨울이 찾아올까?

어느 해에는 나무들이 유독 많은 열매를 맺는 듯 보인다. 나는 가을에 우리 삼림 보존 지역에서 단체 여행객을 안내할 때면 이례적으로 풍성하게 열린 도토리와 너도밤나무 열매가 혹독한 겨울이 오고 있음을 암시하느냐는 질문을 자주 받는다. 유감스럽게도 나의 답변은 질문자를 실망시키기 일쑤다. 나로서는 나무들의 열매가 풍성하게 열렸다고 해서 미래를 알 수 있는 건 아니라고 답변하는 수밖에 없다. 왜냐하면 지금 눈앞에 보이는 열매의 열매눈은 지난해 여름에 만들어진 것이기 때문이다. 기껏해야 숲에 있는 나무들이 작년 여름에 스트레스를 많이 받았다는 사실을 암시하는 정도다. 다시 말하면 작년 여름이 건조했음을 알려 줄 뿐이다. 식물은 스트레스를 받으면 그들은 더한 압박에 노출될 경우 이 세상에서 오래 살아남지 못할 거라는 두려움 때문에 단계적으로 번식을 강화하는 형태로 반응한다.

이런 사정으로 제공된 자연의 관대한 선심에 혹해서 무수히 많은 겨울 창고에 견과와 씨앗을 채워 넣느라 바쁜 다람쥐와 어치도 다가올 몇 달 동안의 날씨를 예측하기 위한 신뢰할 만한 수단이 될 수 없음은 분명하다.

통계적으로 보았을 때, 훨씬 확실한 지표는 맑은 가을 날씨가 대체로 얼마나 오래 지속되어야 혹독한 겨울이 오는가를 보여 주는 상관관계다. 또한 앞에서 설명한 북유럽 철새의 출현도 기온이 빠르게 떨어지고 있음을 암시하는 비교적 신뢰할 수 있는 지표다.

하지만 우리 모두가 알듯이 겨울에는 추위와 눈만 있는 것이 아니다. 적어도 폭풍의 주기와 강도 역시 그에 못지않게 중요하다. 최근에는 중부 유럽의 곳곳에서 허리케인급의 강풍이 자주 맹위를 떨치면서 삼림 지대와 숲을 강타했다.

그로 인해 수백만 그루의 나무가 쓰러졌을 뿐 아니라, 철탑이 넘어지고 지붕이 날아가고 다수의 사상자까지 발생했다.

폭풍의 주기는 겨울철 저기압권의 출현과 관련이 있다. 일반적으로 유럽 내륙의 겨울은 맑은 하늘과 상쾌하고 차가운 공기를 불러오는 고기압을 특징으로 하는데 이따금씩 이 고기압이 작은 저기압권에 밀려나면서 세상이 눈으로 뒤덮이기도 한다.

저기압 폭풍 전선은 예컨대 가을이나 이른 봄처럼 환절기에 주로 발생한다. 하지만 최근에는 폭풍권의 움직임이 활발해지면서 겨울에도 강력한 저기압권의 영향에 든 우리를 발견하게 된다. 이 같은 상황은 몇 주에 걸쳐서 서로 다른 폭풍이 번갈아 들이닥칠 수 있음을 의미한다.

우리는 넓은 지역의 기상 상태를 확인함으로써 폭풍이 올 가능성을 단기적으로 예측할 수 있다. 만약 이 시기에 일반적인 겨울 고기압이 중부 유럽에 생성되었다면 폭풍은 우리를 비껴갈 가능성이 크다. 반대로 저기압 전선이 잇따라 하나둘씩 우리 지역을 통과한다면 폭우와 강풍이 몰아치는 사나운 겨울을 경험하게 될 것이다.

7장

기후 변화와 더불어 살기

기후 변화는 모든 생명체에게 고유한 의미가 있다. 많은 종이 태양을 좋아한다. 그들은 아무리 따뜻해도 만족할 줄 모르며 모든 화창한 날을 축복으로 여긴다. 인간이 느끼는 것은 동물과 식물도 똑같이 느끼기 마련이다. 이전에는 낮은 기온이나 과도한 습기 때문에 적합하지 않았던 새로운 서식지가 개방되면서 따뜻한 날씨를 선호하는 다양한 종들이 점차 북쪽으로 이동하고 있다. 아시아 외줄모기 같은 곤충은 물론이고 낙엽수도 이전에는 침엽수림의 독무대였던 지역까지 점점 더 북쪽으로 영역을 넓혀 가는 중이다.

재래종 식물들의 주된 관심은 물 공급 문제다. 온실 효과가 없는 상황에서도 점점 더 많은 지역에서 기온이 상승하고 있다. 날씨가 더워질수록 갈증은 심해진다. 정원의 식물도 마찬가지다. 우선은 미래에 어떤 일이 있을지 살펴보기 전에 물을 경제적으로 활용하려는 대자연의 전략을 몇 가지 소개한다.

적절한 물 관리

식물은 스스로 물 소비량을 조절할 수 있다. 따뜻한 계절에 물까지 충분할 때는 광합성에 주력한다. 나무는 특히 많은 물을 소비한다. 관목이나 여러해살이 식물에 비해서 잎이 많기 때문에 표면적이 훨씬 넓고 그래서 수분의 증발량 또한 매우 높다. 무더운 여름을 기준으로 완전히 성장한 큰 낙엽수는 하루에 400리터까지 물을 소비한다. 나무들 대부분은 아직 사용되지 않은 지층의 수분을 흡수하기 위해 다른 식물보다 훨씬 깊은 곳까지 뿌리를 뻗는다. 이러한 이점에도 불구하고 분명한 사실은 지하에 저장된 물도 금방 소진될 수 있다는 것이다. 결국 하늘에서 비의 형태로 공급되는 물의 양이 충분하지 않은 한 나무는 스스로 절제하는 법을 배워야만 물이 부족해서 말라 죽는 상황을 피할 수 있다. 나뭇잎의 뒷면은 아주 작은 입처럼 보이는 기공이라는 이름을 가진 미세한 구멍들로 덮여 있다. 실제로 이들은 숨구멍과 비슷한 역할을 한다. 즉 나무는 이 기관을 이용해서 숨을 쉰다. 그리고 우리가 날숨을 내쉬는 과정에서 수분을 잃는 것처럼 나무도 정확히 똑같은 일을 겪는다. 나무의 날숨에는 다량의 산소가 포함되어 있다는 사실만이 다를 뿐이다. 날씨가 너무 건조해지는 것 같으면 나무는 이 구멍들을 닫기 시작한다. 그렇게 함으로써 물 소비량을 크게 줄일 수 있기 때문이다. 다만 이때부터는 광합성 능력도 뚝 떨어진다. 이런 상황이 장기간 지속되면 나무는 성장이 느려질 뿐 아니라 열매도 적게 열린다. 혹시라도 열매를 수확할 계획이라면 지금이야말로 비상벨을 울려야 할 때다. 지금 상태로는 이를테면 사과나 배의 성장이 더뎌지고 낙과가 일어날 수 있기 때문이다. 심각한 물 부족 상태가 여기서 더 지속되면 나무가 잎까지 포기할 수 있다. 7월의 무더운 여름에는 이 같은 비상조치에 들어간 나무들을 자주 볼 수 있다.

주기적으로 가뭄이 반복되면 나무들은 물을 적게 소비하는 법을 터득한다. 그 결과, 성장이 매우 더뎌지기는 하지만 소위 '제멋대로 자란' 나무들에 비해서 혹서가 장기간 지속될 때도 매우 뛰어난 생존 능력을 발휘한다. 내가 관리하는 보존 지역을 예로 들자면 건조한 계절이 되면 제멋대로 자란 나무들은 대체로 물 공급이 원활한 지역에서도 말라죽는 모습을 볼 수 있다. 반대로 물이 부족한 상황에 익숙한 나무들은 이례적으로 건조한 날씨가 지속되는 위험한 시기에도 잘 대처한다.

풀은 물을 경제적으로 사용하는 데 그다지 능숙하지 못하고 나무와 달리 물 소비를 쉽게 줄이지 못한다. 그래서 가뭄이 오래 지속되면 풀잎이 말라 죽고 잔디밭이 군데군데 노랗게 볼품없이 변해 간다. 그리고 바로 이때가 토질을 확인할 수 있는 적기다. 잔디가 노랗게 변하기 시작한 지점은 흙의 저류능貯留能(한정된 공간에 물을 받을 수 있는 용적의 최대치)이 특히 낮은 곳임을 알 수 있기 때문이다.

하지만 풀에게도 나름의 생존 전략이 있다. **빽빽**한 뿌리 속에 웅크리고 있다가 다음에 비가 왔을 때 새로 싹을 틔우고 다시 시작하는 것이다. 혹서기에 잔디가 노랗게 변하는 모습을 자주 볼 수 있는 이유도 같은 맥락이다. 다시 말해서 잔디는 다음에 오는 비를 기회로 삼아 다시 재기할 것이다. 따라서 잔디밭이 늘 녹색으로 유지되는 것을 특별히 중요하게 생각하지 않는 한 굳이 물을 줄 필요가 없다.

반면에 관목이나 여러해살이 식물은 나무처럼 물을 효율적으로 이용할 줄 안다. 여기에 더해서 물을 아껴 쓰고 갈수기에 신중하게 대처하는 법을 배울 수도 있다. 품종 개량에도 불구하고 이제까지 이 같은 학습 능력을 잃지 않은 것은 우리가 기르는 품종, 즉 재배종이 여전히 원래의 야생종에 매우 가깝기 때문이다. 어쨌든 극진한 보살핌이 주어지지 않는 것이 보통인 정원에서 오래 살아남아야 하는 그들로서는 이 같은 학습 능력이 꼭 필요하다. 채소 식물과 한해살이 여름꽃은 사정이 다르다. 비를 다룬 3장에서 우리는 품종 개량과 과도한 비료 사용이 원인으로 작용하는 그들의 취약성에 대해 이미 살펴보았다. 이런 식물들은 생산성을 높이거나 꽃의 품질을 높일 목적으로 품종이 개량된다. 그리고 이렇게 개량된 재배종은 대체로 야생종의 특징이 아주 희미하게 남아 있을 뿐이며 놀라운 생산성을 얻은 필연적인 대가로 원래의 특징을 잃게 된다. 그 결과 주키니호박과 양배추는 이제 너무 민감해져서 흙에 수분이 아무리 많은 상태라도 그 커다란 잎을 시들게 만드는 데는 여름의 한나절 뜨거운 태양만으로 충분하다. 흙이 건조한 낌새만 보여도 시들기 시작해서 순식간에 말라 죽는다. 라일락이나 진달래, 가막살나무 등이 하나같이 더위에 강한 내성을 가졌다면 채소류는 종에 상관없이 전부 주기적으로 물을 공급받아야지만 건강한 상태를 유지할 수 있다.

벌레혹

여름에 관목이나 나무의 잎에는 때때로 이상한 돌기가 생길 수 있다. 이 독특한 혹은 둥글고 고치 같은 구조이거나 심지어 남근 형태일 수도 있으며 변종에 따라 털이 있는 경우도 있다. 불가사의한 겉모습만으로 그들을 구분하기란 불가능하지만 그럼에도 인정사정없이 잎을 습격한 벌레의 작품인 것은 분명하다. 벌레가 어떤 물질을 분비해 숙주 식물에 자신에게 거처와 음식을 제공하고 포식자로부터 보호해 줄 작은 집을 지은 것이다. 개중 하나를 열어 보면 안에 작은 유충이 들어 있음을 알 수 있다. 유충은 혹파리나 혹진딧물, 어리상수리혹벌 등의 새끼이며 생의 가장 긴 기간을 그 안에서 유충으로 살아간다. 이후에 숙주 식물의 잎이 시들어서 떨어지는 가을에 번데기가 되고 종에 따라 다르기는 하지만 늦겨울이나 봄에 번데기에서 나와 성충으로서 짧은 생을 시작한다. 성충이 되면 더 이상의 먹이 활동을 중단한 채 자신들이 가장 좋아하는 식물에 알을 낳는 일에만 집중한다. 그리고 죽는다.

대표적인 숙주 식물로는 떡갈나무(떡갈나무 어리상수리혹벌)를 비롯해서 너도밤나무(너도밤나무 혹파리)와 가문비나무(가문비나무 혹진딧물), 장미(장미 어리상수리혹벌) 등이 있다.

이런 벌레들이 식물에 심각한 피해를 주는 경우는 많지 않다. 따라서 숙주가 된 나무나 관목은 몇몇 잎이나 가지에 문제의 혹이 생기더라도 얼마든지 감당할 수 있다. 하지만 그 벌레가 혹응애라면 사정이 달라진다. 이들 거미류도 흡즙 행동을 통해 표피에 변형을 일으키거나 때로는 발그레한 여드름 같은 형태로 집을 짓는 과정에서 숙주 식물의 잎에 비정상적인 혹을 만든다. 이 혹은 크기가 0.2밀리미터도 되지 않는 유충들에게 안락한 여름 별장이 된다. 블랙베리 나무의 입장에서는 그들의 존재가 상당한 골칫거리가 될 수 있다. 유충은 덜 익은 열매 속에 좋다고 보금자리를 꾸미지만 그들이 기생하는 열매는 끝내 검은색으로 익지 않을 것이고 따라서 먹기에 부적당하다. 안타깝지만 이런 블랙베리 열매는 버리는 것이 최선이다.

기온 상승

빙하가 녹고, 폭풍이 점점 더 자주 발생하며, 건조한 해가 연이어 반복되고 있다. 기온이 지금처럼 계속 올라간다면 정말 거대한 환경 재앙이 일어날까?

기후 변화는 실질적으로 어떤 영향을 미칠까? 한 가지는 확실하다. 단지 세상이 더 따뜻해지는 것으로 끝나지 않는다는 것이다. 강수와 기온의 조합은 물 관리 측면에서 중요한 부분을 차지한다. 비는 다시 증발하는 양보다 더 많이 내려야 한다. 그렇지 않으면 땅이 사막처럼 말라 버릴 것이다. 당연히 물은 낮은 온도보다 높은 온도에서 더 많이 증발한다. 증발하는 양과 균형을 맞추려면 기온이 따뜻해질수록 더욱 많은 비가 내려야 한다. 라인강 상류 지역이나 브란덴부르크처럼 특히 건조한 지역에서는 평균 기온이 2도만 올라가도 이 균형이 깨질 수 있다. 따뜻한 공기 때문에 더 많은 물이 증발하는데, 만약 강수량이 그대로라면 갑작스러운 물 부족 현상에 직면할 것이다.

여기서 끝이 아니다. 여름철 강수량이 줄어드는 대신 겨울에 더 많은 비가 내릴 수 있다는 주장도 제기되었다. 그렇게 되면 총강수량은 충분할지라도 여름에 땅이 바싹 마를 수 있고 결국에는 많은 식물이 말라 죽을 것이다. 여름에 사막 같은 날씨가 지속된다면, 겨울에 아무리 비가 많이 내려도, 그래서 한 해 전체로 평균을 냈을 때 이론적으로 물이 충분한 상태라도 식물에게는 전혀 도움이 되지 않는다. 그런 상황에서 차이를 만드는 것은 토양의 저류능이다. 예컨대 모래흙은 물을 거의 가두지 못하는 반면, 황토 침전물 함량이 많은 흙은 수 주에 걸쳐 서서히 식물에게 수분을 제공할 것이다. 보다시피 정원의 식물들이 어떻게 될지 예측하기란 결코 쉽지 않다. 확실한 것은 하나밖에 없다. 세상이 단연코 점점 더워질 거라는 사실이다.

정원에 미치는 영향

나는 여기서 기후 변화의 원인이나 그 책임 소재를 따질 생각이 없다. 그런다고 해서 정원의 미래가 달라지는 것도 아니기 때문이다. 그보다 중요한 문제는 기후 변화가 우리 정원에 살고 있는 식물과 동물에게 미치는 영향이다. 그들은 기후 변화에 과연 어떻게 대처할까?

결론부터 이야기하자면, 우리는 식물들이 기후 변화에 적응하도록 도와줄 수 있다. 정원을 관리하는 방식이 자연 상태에 가까울수록 식물들은 기후 변화에 따른 영향을 덜 받게 될 것이기 때문이다. 자연은 기후 변화에 대비한 준비

자연 수업

가 잘 되어 있다. 자연을 보다 면밀하게 살펴보면 놀랄 일도 아니다. 예컨대 너도밤나무 같은 재래종 나무들은 400년 이상을 살 수 있다. 인간의 기준에서 보자면 정말 긴 시간이다. 그들이 수백 년의 세월을 사는 동안 기후는 끊임없이 자연적인 변동을 거친다. 15세기부터 19세기까지는 수차례에 걸쳐 기온이 장기간 지속적으로 하락하면서 혹독한 겨울이 일상적인 상황이 되었고 빙하가 늘어났다. 하지만 세계 곳곳에서 광범위한 기근을 초래한 이 추운 시기가 끝나면서 기후는 다시 따뜻해졌다. 이 순환 과정은 오늘날까지 계속되고 있으며 다만 환경 교란으로 더욱 가속되었을 뿐이다.

이처럼 너도밤나무와 떡갈나무는 이들의 수명을 기준으로 했을 때 겨우 한두 세대 만에 적응할 수 없는 심각한 기후 변화를 겪었다. 결국, 적응이란 여러 세대에 걸쳐서 매우 느리게 진행되는 것이기 때문이다. 어미나무와 바로 다음 세대의 어린나무 사이에 좀처럼 눈에 띄는 차이가 나타나지 않는 것도 바로 그 때문이다. 그런데도 몇백 년이나 걸릴 세대교체를 통해서만 미세한 유전적인 변화가 가능하다면 우리 재래종 나무들은 이미 오래전에 멸종하고 말았을 것이다. 이런 이유로 수명이 긴 많은 식물의 생존 전략은 적응이 아닌 인내가 되었다. 일례로 너도밤나무에게는 성장이 가장 활발하게 일어나는 최적의 기후가 존재한다. 중부 유럽의 평균적인 기후가 그것이다. 하지만 그보다 높은 기온이나 낮은 기온도 견딜 수 있으며 심지어 강수량이 달라져도 견딜 수 있다. 그 결과 스페인이나 시칠리아부터 스웨덴에 이르기까지 넓은 지역에 분포하기에 이르렀다.

일반적인 원칙은 오래 사는 식물일수록 기후에 더 많은 내성을 가져야 한다는 것이다. 결국 모든 나무는 물론이고 다수의 관목은 다양한 수준의 기온과 강수량을 견딜 수 있어야 한다.

우리 정원에 있는 나무와 관목이 장차 예상되는 기온 상승을 견딜 수 있을지 없을지는 현재 장소가 그들에게 쾌적한 기후대를 주로 유지하는지 아닌지에 달려 있다. 말인즉슨 지금 우리가 사는 곳이 그들에게 최적의 기후라면 여기서 기온이나 강수량이 위아래로 변동하더라도 그들이 견딜 수 있다는 뜻이다. 이런 사실은 대부분의 재래종에도 그대로 적용되지만 비슷한 온대 기후를 가진 다른 지역에서 들여온 외래종에도 똑같이 적용된다.

일부 전문가들은 기온 상승에 직면해서 더 따뜻한 기후에 잘 적응하는 식물들을 선택하라고 조언한다. 나는 이 같은 조언이 전혀 도움이 되지 않는다고 생각한다. 평균 기온의 상승은 건조하고 무더운 여름과 습기는 많으면서도 눈은 적게 내리는 겨울이 더욱 빈번하게 반복될 것임을 의미한다. 하지만 그런 미래에도 겨울은 비록 지금처럼 자주는 아니더라도 여전히 된서리를 몰고 올 것이다. 북부 유럽에서는 이를테면 중국산 당종려를 심어 봤자 아무런 소용이 없다. 어느 정도까지는 추위를 견딜 수 있겠지만 기온이 영하 10도 이하로 내려가면 곧바로 얼어 죽을 것이기 때문이다. 정원의 미래를 위한 유일하면서도 가장 현명한 접근법은 여름과 겨울 기온을 모두 이겨낼 수 있는 식물을 선택하는 것이다.

기후 변화가 정원에 어떻게 영향을 미치고 있는지 정확히 알고 싶다면 일련의 측정을 시작해야 한다. 이 작업에는 외부 온도계와 우량계가 필요하다. 준비가 완료되면 기후의 가장 중요한 두 가지 변수와 해당 변수들이 한 해 동안 어떻게 오르내리는지를 기록할 수 있다. 온도계는 측정된 최고 수치와 최저 수치를 표시하는 기능이 있어야 한다(기계식이든 전자식이든 상관없다). 이 온도계에 근거해서 정원의 최고 온도와 최저 온도를 매일 기록한다. 온도계를 설치할 때는 벽에서 떨어진 그늘진 곳에 설치해야 하며 집 안에서 편리하게 측정값을 확인할 수 있다는 점에서 전자식 온도계를 추천한다. 이런 식으로 몇 년 동안 기록이 쌓이면 정원의 온도를 비교해서 장기적인 기온의 변화를 파악할 수 있다. 마찬가지로 우량계를 설치해서 정원의 강수량이 어느 정도 수준인지 측정할 수 있다(전자식 우량계를 쓸 수도 있지만 훨씬 고가이다).

온도계와 우량계 둘 다 구매하기가 부담스럽다면 최소

한 강우량이라도 측정할 것을 권한다. 날씨에 따라 다르지만 며칠에 한 번씩 강우량을 확인하기만 해도 보다 중요한 수치를 모니터링할 수 있다. 같은 지역이라면 기온 편차는 비교적 작을 수 있지만 강우량의 차이는 불과 몇 킬로미터를 사이에 두고도 꽤 크게 벌어질 수 있기 때문이다. 실제로 이런 경우에는 아마도 근처에 기상학적 경계선 역할을 하는 작은 산이 있어서 비구름이 우리 정원을 비껴가도록 진로를 바꾸고 있을 것이다. 아니면 위쪽의 대기층에 영향을 미치는 작은 숲이 존재할 수도 있다. 예컨대 내가 사는 곳에는 불과 10킬로미터 떨어진 근처의 작은 마을보다 소나기가 훨씬 적게 온다.

비교적 적은 노력으로 기온에 관한 유용한 정보를 얻기 위해서는 며칠 동안 기록된 정원의 최고 및 최저 기온을 가장 가까운 공공 기상 관측소의 자료와 비교하는 것으로 충분하다. 그리고 이 과정에서 편차가 매우 일관되게 나타난다는 사실을 알게 될 것이다. 이를테면 기상 관측소에서 측정되는 것보다 우리 정원이 언제나 2도 정도 더 높은 온도를 기록하는 식이다. 그러면 우리는 차이가 발생한 만큼 2도를 더해 줌으로써 기상 관측소에서 측정된 값을 우리 정원에 맞게 보정할 수 있다. 이 값은 정확한 강수량 수치와 더불어 우리가 사는 지역의 기후가 어떻게 변하고 있는지에 대해 꽤 정확한 그림을 보여 줄 것이다.

측정 기간이 길어질수록 그 결과로 탄생한 그림의 신뢰성은 더욱 높아진다. 아무튼 날씨란 변덕스럽기 마련이고 따라서 고작 일 년 동안 측정된 값은 의미 있는 결과를 얻기에는 충분하지 않을 수 있다. 바꾸어서 말하면 여러 해 동안 누적된 자료들의 평균치만이 우리 지역의 기후가 어느 방향으로 나아가고 있는지, 우리와 우리 정원이 어떻게 적응해야 하는지 알려 줄 수 있다.

우리 지역처럼 강수량이 풍부한 기후에서도 물 공급이 얼마나 부족한지 보여 주기 위해서 내가 관리하는 보존 지역에서 목격한 일을 소개하고자 한다. 나는 숲길을 따라 다양한 장소에 가까운 수원에서 물을 끌어다가 작은 연못을 만들었다. 그리고 몇 년 동안은 작은 연못들이 도롱뇽을 비롯해 두꺼비와 개구리의 안식처로 변해 가는 모습을 지켜보면서 즐거웠다. 양서 동물들은 연못에 알을 낳았고 나는 여름 내내 이들이 성장하는 모습을 지켜보았다. 하지만 번창하던 이 양서류 공동체는 안타깝게도 과거사가 되었다. 기록적으로 건조한 해였던 2003년 3월부터 10월까지 이렇다 할 비가 내리지 않으면서 내가 만든 연못들이 완전히 말라 버렸고, 물이 사라지면서 우리 양서류 친구들은 비극적인 결말을 맞이했다. 이듬해부터 몇 년 동안은 여름에 유독 비가 많이 내렸다. 수시로 천둥과 번개를 동반한 비가 내리면서 길이 진창으로 변했고 비포장길에는 깊은 물고랑이 생겼다. 겨울에도 두껍게 쌓인 눈이 흙 속의 수분을 포화 상태로 만들었다. 그런데도 지하수는 아직 가뭄에서 벗어나지 못한 것이 분명했다. 2003년 이래로 매년 똑같은 일이 벌어졌다. 즉 해마다 물이 마르면서 연못이 생겼다가 사라지기를 반복하는 가운데 물 공급량이 꾸준히 감소하자 양서 동물의 숫자도 눈에 띄게 줄어들었다.

동료들과 얘기해 보면 그들도 유사한 경험을 이야기한다. 진정한 재앙은 지하 수위가 어떤 상태인지 파악하기가 쉽지 않다는 데 있다. 우량계는 (자신만의 우물을 갖고 있지 않은 한) 하늘에서 떨어지는 물의 양을 판단할 때만 유용하다. 엄밀히 말하자면 우리가 할 수 있는 일이라고는 예년과 비교해서 갈수년에 강수량이 얼마나 줄었는지 파악하고 이듬해나 그 이듬해에 앞서 손해 본 양을 만회할 만큼 충분한 비가 내리는지 지켜보는 것이 전부다.

그렇다면 우리 정원에는 어떤 영향이 있을까? 텃밭이나 화단은 비가 적게 내려도 처음에는 그다지 영향을 받지 않는다. 기껏해야 표토층 정도나 영향을 받는데 이럴 때는 우리가 직접 물을 주면 그만이다. 여기에 더해서 갈수년은 달팽이가 덜 꼬이는 덕분에 채소 수확량이 특히 늘어날 거라는 사실을 의미하기도 한다.

유실수와 관상용 나무의 경우에는 문제가 사뭇 다르다. 이런 나무들은 자급자족을 위해 더욱 깊이 뿌리를 뻗는다.

따라서 더운 여름에 이 나무들에게 물을 주고자 한다면 매우 특별한 문제가 생길 수 있음을 유념해야 한다. 앞서 말했듯이, 우리는 너무 주기적으로 물을 주어서 식물들을 응석받이로 키우지 말아야 한다. 아주 가끔씩만 물을 주되 한 번 줄 때 완전히 흠뻑 적셔 주어야 한다. 오이나 무의 뿌리를 축축하게 적시면서 채소들이 더 깊이 뿌리를 내리도록 토양의 더 깊은 층까지 확실하게 물을 주려면 많은 물이 든다. 하물며 갈수기에 나무에 물을 줄 때는 완전히 다른 수준을 요구한다. 다 자란 일반적인 사과나무 한 그루의 바싹 마른 뿌리를 충분히 적시기 위해서는 대략 5세제곱미터의 물이 필요하다!

물론 소량의 물로 좀 더 일찍부터, 즉 마지막으로 비가 온 뒤 이삼 주가 지난 시점부터 시작할 수 있을 것이다. 하지만 이런 경우에 나무는 가장 위쪽의 토양층으로 집중적으로 뿌리를 뻗기 시작할 것이다. 그리고 우리가 일주일에 한 번씩 물을 주는 것에 점점 더 의존하게 되면서 반대급부로 가뭄에 견디는 능력을 차츰 잃어 갈 것이다. 게다가 워낙에 큰 덩치 때문에 전혀 다른 형태의 위험도 증가한다. 즉 나무가 위험할 정도로 불안정한 상태가 될 가능성이 생긴다. 어쨌든 나무에게는 뿌리가 가을 폭풍에도 땅을 단단히 움켜쥔 채 안정적으로 나무를 고정시켜 주는 닻 역할을 하기 때문이다. 그런데도 나무가 뿌리를 깊이 내리기를 포기한다면 불안정하게 휘청거리는 위태로운 상태가 될 것이다.

물론 가뭄이 극심한 경우에는 개입하는 것이 당연하다. 행동에 나설 적기는 한여름에 나무가 변색되거나 잎을 떨구기 시작할 때다. 하지만 명심하기 바란다. 무언가를 하기로 했다면 제대로 해야 한다는 사실을. 물을 줄 때는 완전히 흠뻑 젖도록 주어야만 진정으로 나무를 도울 수 있다.

8장

흙에 대해 이해하기

자연과 관련하여 말하자면, 지상에서 벌어지는 일은 실제로 일어나는 현상의 절반에 불과하다. 최근 연구에 따르면 박테리아를 비롯한 그 밖의 원시종들은 지표면에서 10킬로미터 아래까지 산다. 1밀리리터의 지하수에는 수십만 개의 미생물이 들어 있으며 지하 생물의 총질량은 지상의 모든 동물과 식물을 합친 총질량을 능가할 수 있다.

　　지표면 아래에는 다양한 종이 더불어 살아가지만 아직 충분히 탐사되지 못한 거대한 서식지가 존재한다. 사실 우리는 차나 커피를 마시면서 매일 이 미생물 중 일부를 소비한다. 수도꼭지에 이를 때까지 일정한 처리를 거친 다음에도 무수히 많은 미생물이 살아남아 지하수와 더불어 우리가 마시는 음료와 같이 생을 마감한다. 그들의 존재를 걱정할 필요는 전혀 없다. 인체에 유해하지 않을뿐더러, 더구나 유익한 경우도 많기 때문이다.

우리가 가꾸는 정원과 그 정원에서 키우는 식물에게 중요한 부분은 토양층의 맨 윗부분에 해당하는 표토뿐이다. 토양층의 특성, 즉 영양분이 많은지 적은지, 혹은 수분을 잘 간직하는지 아니면 메마른지는 기본적으로 모암에 따라 달라진다. 어쨌든 풍화 작용으로 인해 잘게 부서져서 흙이 될 재료라고는 그 부근에 존재하는 기반암밖에 없기 때문이다.

풍화 작용은 매우 긴 시간에 걸쳐 진행된다. 선사 시대에는 바위가 원래 지표면에 그대로 드러나 있었겠지만, 극심한 기온 변화가 반복되면서 이 암석들에는 금이 가고 그 틈으로 물이 스며들게 된다. 그리고 이렇게 스며든 물은 추운 겨울에 얼음으로 변하고 동시에 부피가 늘어나면서 큰 덩어리로 되어 있던 암석들을 잘게 조각낸다. 화학적, 생물학적 과정을 거쳐 생성된 산성 물질은 이런 암석 조각들을 아주 작은 기본 물질로 분해될 때까지 더욱 잘게 부순다. 모래바람을 일으키는 폭풍 같은 물리적인 힘도 암석에 사포처럼 작용해서 바위나 돌을 흙먼지로 바꾼다. 이런 일련의 과정을 거쳐 표고標高에 따라 깊이가 제각각인 토양층이 생겨나며, 이 토양층에는 우리가 바로 뒤에서 다룰 대량의 부식토가 포함되어 있다.

그렇게 암석은 풍화 작용을 통해 결국 작은 입자로 변

자연 수업

하고 이들 입자의 크기와 성분은 토양의 비옥함을 결정하는 데 매우 중요한 역할을 한다. 일반적으로 우리는 토양의 유형을 알갱이의 크기에 따라 모래와 실트, 점토로 분류한다. 모래 알갱이가 느껴질 만큼 순전히 모래로 이루어진 흙은 대체로 무르고 물도 금방 빠진다. 실트질 흙은 꽤 단단한 편이지만 투과성 면에서는 모래와 별반 다르지 않다. 반면에 점토는 매우 고운 입자로 이루어져 있다. 그래서 수분을 잘 가두어 둘 수 있지만 공기가 거의 통하지 않는다. 이 세 가지 유형의 흙이 모두 섞여 있는 흙을 롬loam이라고 부른다. 이 이상적인 배합토는 수분과 영양분이 풍부할 뿐 아니라 공기도 잘 통하고 여기에 부식토까지 더해지면 비옥한 성장 환경을 제공한다. 물론 이런 롬 또한 근간이 된 모암의 유형에 따라 질에서 차이가 난다.

　토양의 생성 과정은 오늘날에도 계속되고 있지만 선사 시대보다는 훨씬 느리게 진행되는 중이다. 선사 시대에는 노암露岩 즉 땅 위로 드러난 바위가 풍화 작용의 맹공격에 무방비로 노출되어 있었던 반면 오늘날의 지구는 식물들이 보호막 역할을 해 주는 까닭에 상당한 방어력을 갖추고 있기 때문이다. 실제로 풍화 작용은 1센티미터 두께의 새로운 흙이 생성되려면 수백 년이 걸릴 정도로 매우 느려졌다.

　　　　　　　흙에 대해 이해하기

토양의 유형을 알아보는 방법

정원의 토질을 확인하고 싶다면 그 밑에 있는 모암을 알아야 한다. 흙은 그 기원과 연령에 따라 화학적인 풍화 과정을 거쳐 생성되어 식물이 소비할 수 있도록 변형된 매우 다양한 영양분을 포함하고 있다. 지금의 집이 지어질 때 다른 흙을 메웠거나 나중에 보충했다면 이 지역의 모암이 무엇인지 알아도 별로 도움이 되지 않을 수 있다. 건설 회사들은 으레 이런 공사를 할 때 여기저기 여러 지역에서 가져온 흙을 섞어서 사용하기 때문이다. 너무 두껍게 메워지지만 않았다면 정원이 이런 식으로 메워진 적이 있는지 쉽게 확인할 수 있다.

혹시라도 담장이나 울타리의 말뚝을 세우기 위해 터파기를 해야 한다면 이때야말로 지층을 면밀하게 관찰할 수 있는 절호의 기회다. 가장 먼저 해야 할 일은 부식토 성분이 많아서 흙 색깔이 진한 곳을 찾는 것이다. 그런 다음 흙을 파 내려가면 어느 순간에 여전히 원래 상태를 유지하는 부분이 나타나면서 진한 색 흙이 더는 보이지 않을 것이다. 낙엽이나 식물이 부패하면서 생성되는 부식토의 특성상 보통은 그처럼 깊은 곳까지 이어지지 않기 때문이다. 하지만 흙을 메웠던 곳이라면 이런 자연적인 부식토층이 더욱 깊은 곳에서 발견될 것이다. 짙은 색의 부식토층은 원래 지표면이었던 곳에서만 발견된다. 따라서 시험 삼아 정원의 몇 곳만 파 보

자연 수업

면 정원 전체 또는 특정한 몇몇 지점을 다른 흙으로 메웠는지 여부를 알 수 있다.

정원의 흙이 대체로 다른 흙이 섞이지 않은 아직 순수한 상태라면 보다 정밀한 조사를 감행할 가치가 있다. 토양의 지질학적 근원을 알아내는 일이 항상 쉬운 것만은 아니지만 한 번만 하면 되고 그 정도 수고는 충분히 감수할 만한 가치가 있다. 운이 좋다면 삽을 꺼낼 필요조차 없다. 경우에 따라서는 지표면이 오직 한 가지 유형의 모암을 기반으로 하는 지역들이 존재하고, 예컨대 인터넷에서 우리 지역의 지질학 학회 홈페이지만 찾아보아도 우리가 거주하는 지역이 거기에 해당하는지 알 수 있기 때문이다. 이런 단체들은 우리 지역의 기본 물질을 이루는 모암 유형을 알고자 할 때 이용할 수 있는 지형도를 제공한다. 그리고 이 지도에는 종종 우리 지역의 토양 유형과 성분이 표시되어 있기도 하다.

또 다른 방법은 동네에서 다듬지 않은 막돌로 지은 집을 찾는 것이다. 지난 수 세기 동안은 집을 지을 때 주로 가까운 곳에서 얻을 수 있는 재료들이 사용되었기 때문에 근처의 석조 건축물만 보고도 그 지역에 어떤 유형의 암석이 많은지 한눈에 알 수 있다. 하지만 이 방법은 보통 사람들의 집에만 적용되는데 고급 주택에 사용된 돌은 수백 킬로미터 떨어진 곳에서 옮겨진 것일 수 있기 때문이다. 지역에 따라서는 전통적으로 벽돌을 건축 재료로 사용하는 까닭에 막

흙에 대해 이해하기

돌로 지은 집을 찾아보기가 어려운 경우도 있다. 벽돌을 주로 사용하는 까닭은 그 주변의 방대한 면적이 채취할 만한 암석이 거의 없는 모래흙으로 이루어졌기 때문이다. 따라서 롬이나 찰흙 벽돌로 지은 암적색 집들은 일반적으로 그 일대가 모래흙이라는 사실을 암시한다.

정원의 흙에 영양분이 얼마나 포함되어 있는지 알고 싶다면 샘플을 채취해서 실험실에 분석을 의뢰하는 수밖에 없다. 이 작업을 시행하기에 가장 알맞은 시기는 가을이나 이른 봄으로 비료를 주기 전이다. 샘플을 채취할 때는 분석을 의뢰할 지점의 흙을 삽으로 식물의 뿌리가 위치한 깊이까지 파내야 한다. 잔디는 깊이가 10센티미터만 되어도 충분하지만 채소는 30센티미터가 넘게 뿌리를 내리기도 하며 과일나무나 관목의 경우에는 50센티미터가 넘을 수도 있다. 열 군데에서 열다섯 군데 정도의 서로 다른 장소에서 흙을 한가득씩 몇 삽을 떠서 커다란 양동이에 담고 손으로 잘 섞어 준 다음 대략 250그램에서 500그램 사이의 자루에 채운다. 각각의 화단에서 각각의 용도에 따라 별도로 샘플을 만들어야 한다. 요즘에는 다양한 기관들이 가정의 토양 샘플을 분석해 주고 있다.

하지만 이 모든 과정이 너무 복잡해 보인다면 샘플을 채취할 필요도, 동네의 건축 역사를 조사할 필요도 없는 또 다른 방법이 있다. 이른바 지표 식물을 이용해서 토양의 영양 수준과 저류능을 알아내는 방법이다. 모든 식물에게는 그들이 특히 경쟁력을 발휘할 수 있고 다른 종들에 비해서 우위를 유지할 수 있는 최적의 여건이 존재한다. 그리고 우리는 어떤 식물에게 어떤 토질이 가장 적합한지 자료를 통해 대부분 확인이 가능하며 이런 정보를 이용해서 우리 정원이 어떤 상태인지 파악할 수 있다. 여기에는 두 가지가 필요하다. 어떤 식물이 무슨 종인지 알아볼 수 있도록 도와줄 적당한 식물 도감 한 권과, 전적으로 자연의 재량에 맡긴 채어떤 식물이 자랄지 행복하게 기다리면서 지켜볼 수 있는 정원 한쪽의 작은 땅이다. 비료나 그 밖의 지력 개선제를 사용하면 결과가 왜곡될 수 있으므로 적어도 몇 년 동안은 이별도 구역을 최대한 자연 상태로 내버려 두어야 한다. 실험 장소가 잔디밭이어도 상관없다. 다만 최근에 다시 씨를 뿌린 적이 없어야 하고 다른 풀이 무성하게 자라도 그대로 내버려 두었던 곳이면 충분하다.

자연 상태로 되돌릴 땅을 일단 확보한 다음에는 어떤 종들이 그곳에서 가장 잘 자라는지 기록하기 시작한다. 제비 한 마리가 왔다고 여름이 되는 것이 아니듯이 지표 식물하나가 복잡한 토질을 모두 보여 줄 수는 없기 때문에 가능한 많은 지표 식물을 기록하는 것이 중요하다. 적어도 두서너 종은 확인한 다음에야 비로소 일관성 있는 그림을 그릴 수 있다. 예컨대 광대수염은 적당히 습기가 있으면서도 영양분이 풍부한 흙을 선호한다. 그리고 여기에 향기제비꽃 같은 비슷한 취향을 가진 종 몇 가지가 추가로 확인된다면 우리는 강력한 일련의 증거를 보유한 채 우리 정원의 흙에 대해서 결론을 도출하기 시작할 수 있다.

반면에 광대수염을 근거로 한 그림과 모순되는 듯 보이는, 예컨대 산성에 영양분이 풍부하지 않은 땅을 좋아하는 헤더 같은 상이한 식물이 발견된다면 둘 중 하나다. 해당 식물이 인공적으로 파종되었거나 우리가 미처 깨닫지 못한 사이에 토질에 변화가 생긴 것이다. 일례로 정원에 석회석으로 된 자갈길만 만들어도 토질에 변화가 생길 수 있다. 석회는 pH 값을 올려서 토양을 보다 비옥하게 만든다. 불과 몇 미터 떨어진 곳의 식물군을 보면 그 부근의 토질이 산성임을 암시하는 상황에서도 석회석으로 만든 자갈길 옆에는 영양분이 풍부한 흙을 선호하는 식물이 자라기도 한다.

지표 식물은 토양을 개선하기 위한 조치가 성공했는지를 가늠하는 데도 이용될 수 있다. 비료나 퇴비를 줄 때마다 마치 자기 집처럼 자리를 잡고 있던 잡초들에게도 변화가 생긴다. 프랑스 국화처럼 금욕적인 종들이 블랙베리처럼 왕성한 식탐을 가진 식물들로 대체되는 것이다. 쐐기풀이나 나래지치가 늘어나고 있다면 토양을 개선하기 위한 조치가 약간은 과했다는 뜻이다. 아마도 일이 년 후에는 훨씬 다양한 종의 식물들이 모습을 드러낼 것이다.

이외에도 정원의 식물들에게서 수집할 수 있는 정보는 엄청나게 많다. 일례로 질경이는 도로나 보행로 가장자리처럼 단단한 토양에서 자라는 대표적인 식물이다. 서식지의 기후를 반영하는 야생 식물도 많다. 여기에 딱 들어맞는 예가 바로 디기탈리스다. 디기탈리스는 유럽의 대륙성 기후보다 대서양의 해안 기후를 더 좋아한다. 다시 말해서 겨울에 포근하고 여름에는 덜 더운 기후를 좋아한다.

이 모든 탐정 활동을 통해 우리가 얻게 되는 것은 무엇일까? 정원의 상태를 바로 안다면 우리는 확신을 가지고 무엇을 심을지 계획을 세울 수 있고 실망할 일도 줄어들 것이다.

갈색의 황금 부식토

동물이나 식물이 죽으면, 또는 그들의 배설물이나 낙엽, 열매 등이 땅에 떨어지면 해당 유기물은 토양 생물이 먹어서 배설하는 과정을 거쳐 분해된다. 그렇게 분해되고 남은 암갈색의 물질을 부식토라고 부른다.

부식토는 평균 60퍼센트가 탄소이며 이 정도면 거의 갈탄에 가까운 수준이다. 부식토가 암갈색이나 심지어 종종 검은색을 띠는 것은 이 때문이다. 탄소는 간접적으로 대기에서 유래한다. 식물은 광합성을 위해 이산화탄소를 흡수한다. 그리고 햇빛을 에너지 삼아 탄소를 물과 혼합해서 당분

흙에 대해 이해하기

과 섬유질의 형태로 탄수화물을 생성한다. 식물을 먹고 살아가는 동물은 이 탄소를 그들 자신의 물질과 합성한다. 그 결과 균류나 박테리아 같은 토양 생물은 잎을 소화해서 분해할 때 이산화탄소의 형태로 약간의 탄소를 배출한다. 하지만 동물이나 채소의 섬유질 중 상당 부분은 부식토의 형태로 지상에 남겨진다. 예컨대 목초지나 숲속의 지표면처럼 항상 녹색 식물로 덮여 있는 곳이라면 어디서나 토양 생물이 분해하지 못하고 남은 탄소가 지상에 쌓이게 된다. 똑같은 과정이 정원의 잔디밭 아래에서도 일어난다. 여기서 더 나아가면 마지막으로 석탄이나 원유, 천연가스 같은 것이 만들어지는 것이다. 바꾸어 말하면 화석 연료란 결국 아주 오래된 부식토인 셈이다. 물론 화석 연료로 변하기까지는 매우 오랜 시간이 걸릴 것이다. 녹지 공간은 그 아래에 이산화탄소가 매장되어 있음을 의미하고 이는 녹지가 기후 보호에 얼마나 기여하고 있는지를 보여 준다. 1,000제곱미터의 숲은 일 년에 1톤에 가까운 이산화탄소를 처리할 수 있다. 자동차 한 대가 6,700킬로미터를 달리거나 기차가 (승객 한 명당) 25,000킬로미터를 운행할 때 배출되는 이산화탄소의 총량과 맞먹는 수준이다.

정원의 흙을 한 삽 가득히 파 보기만 해도, 이 탄소 저장 과정이 얼마나 잘 진행되고 있는지 알 수 있다. 정원의 흙이나 잔디를 파 보면 아래로 내려갈수록 흙 색깔이 점점 연해

자연 수업

진다. 탄소 함유량에 따라 흙의 색깔이 달라지는 것인데 위에서 아래로 내려갈수록 함유량이 줄어든다. 색이 짙은 층의 두께도 흙 속에 이산화탄소가 얼마나 저장되어 있는지를 보여 준다. 이 표층 아래로는 특유의 연한 색에서 짐작할 수 있듯이 탄소가 거의 들어 있지 않다.

이런 조사는 여름에 한창 건조할 때 실시하는 것이 가장 좋다. 그래야 흙 색깔이 수분의 영향을 받지 않을뿐더러 각각의 토양층이 서로 잘 대비되어 구분하기가 쉽기 때문이다.

탄소 저장 과정과 짙은 색 표토층의 등장은 늘 초목으로 덮여 있는 곳이나 나무 아래에서만 일어나는 현상이다. 반면 곡식을 경작하는 농지나 잡초 하나 없이 깔끔하게 관리되는 주말농장 같은 빈 땅에서는 매우 다른 현상이 펼쳐진다. 이런 곳의 흙은 겨우내 추위에 노출되고 여름에는 오이나 토마토, 무 사이로 드러난 맨땅이 직사광선을 받아서 데워진다. 이렇게 지표면의 온도가 올라가면 흙 속 미생물들 사이에 먹이 경쟁이 과열되면서 결국 과식을 하게 된다. 태양 에너지는 그들이 최선의 몸 상태를 유지할 수 있도록 도와주는데, 이는 불과 몇 년 안에 그들이 부식토층의 대부분을 파괴할 수 있다는 뜻이다. 그럴 경우 처음에는 부식토층이 붕괴되는 과정에서 영양분이 풍부해지면서 농작물이 폭발적인 성장을 보인다. 하지만 이 영양분의 대부분은 빗물에 씻겨 보다 깊은 땅속으로 사라지고 마는데, 이는 식물이 재빨리 그 영양분을 흡수하지 못해 과잉 생산된 영양분의 상당 부분이 쓸데없이 낭비된다는 것을 의미한다. 물론 성장은 다시 느려질 것이다. 성장이 느려지는 것을 막기 위해서는 삼사 년에 한 번씩 퇴비를 주거나 일 년에 한 번씩 거름을 주어서 각종 벌레와 땅속 친구들이 굶어 죽지 않도록 해야 한다.

석회는 인기 있는 자연 비료이지만 조심해서 사용하거나 아니면 아예 사용하지 말아야 한다. 태양의 따듯한 햇살과 마찬가지로 토양 생물에게 과잉 경쟁을 유발해서 부식토를 순식간에 먹어 치우게 하기 때문이다. 그 속도가 너무 빨라서 으레 채소나 관상용 식물이 흡수할 수 있는 양보다 더 많은 영양분이 넘쳐나고 결국 화단의 갈색 황금 즉 부식토는 헛되이 낭비되고 만다. 단기간에 불꽃처럼 타오르던 대규모 영양 공급이 끝날 즈음에는 대부분의 부식토가 사라지면서 오히려 석회 비료를 주기 전보다 지력이 감소한다. 속담에도 이르듯이 '석회는 부유한 아버지와 가난한 아들을 만든다.' 농사를 지을 때 석회 비료에 지나치게 의존하지 말라는 경고다.

흙을 자연 그대로의 풍요로운 상태로 보존하고자 할 때, 부식토층을 보호하는 최선의 방법은 농작물 사이에 보이는 몇 안 되는 무해한 잡초는 그대로 놔두는 것이다. 잡초

자연 수업

는 그늘을 만들어서 흙을 시원하고 촉촉하게 유지하는 데 도움을 준다. 게다가 남는 영양분을 깊은 땅속으로 흘려보내서 그냥 버리기보다 잡초에게 흡수하도록 하면 나중에 따로 퇴비로 만들어서 (또는 곧바로 다시 땅에 묻어서) 재활용할 수 있다. 별꽃은 이런 용도로 가장 적당한 식물 중 하나이다. 별꽃은 어디서나 흔히 볼 수 있으며 금방 개체 수가 늘어나서 녹색 담요처럼 군집을 이룬다. 채소나 여러해살이 식물에 위협이 되는 경우도 거의 없을뿐더러 필요하다면 크게 힘들이지 않고 제거할 수 있다. 부수적으로 부엌에서도 아주 요긴하게 쓰일 수 있다. 우선 샐러드로 잘 어울리고 잘게 잘라서 크림치즈에 넣어 먹을 수 있으며 전통적인 민간요법에도 널리 활용된다. 철이 바뀔 때면 이런저런 식물을 심기 위해서 화단을 갈아엎기도 하는데, 불과 며칠만 지나면 어린 별꽃들이 다시 빼곡하게 자리를 잡기 시작하는 광경을 볼 수 있다.

부식토 없이는 현대 농업도 생존할 수 없지만, 사람들은 자연 상태에서 만들어지는 부식토의 존재를 자주 간과하는 듯하다. 사람들은 과일은 물론이고 지푸라기와 겉껍질에 이르기까지 모든 유기물을 수확하거나 제거해서 토양 생물이 먹을 것을 거의 남겨 놓지 않는다. 농부들이 겨울에 주는 유기질 비료는 벌레나 균류의 입장에서 별로 먹음직스럽지 않을뿐더러 이롭지도 않다. 종종 상당량의 잔류 항생제가 들어 있기도 한 이런 합성물을 쓴다고 해서 풍부한 영양분이 생산될 가능성은 매우 낮다. 경작지에 부식토가 존재하는 경우에도 그 양은 꾸준히 줄어든다. 오늘날 대규모로 농사를 짓는 농부들이 그 혜택을 누리고 있는 땅의 일부는 고대로부터 물려받은 것이다. 지금은 농작물이 자라고 있는 그곳이 예전에는 목초지였거나 심지어는 고대 삼림이 위치하던 자리일 수 있다.

유용한 정원 식구들

앞서 부식토가 어떻게 만들어지는지 알아보았다. 그렇다면 우리는 어떤 토양 생물들에게 고마워해야 할까? 유기 폐기물을 분해하는 데 기여하는 토양 생물은 그 종류만 수천 종에 달한다.

영양분 재활용 과정의 첫 단계는 동물들이 수행한다. 동물은 식물의 잎과 줄기를 갉아 먹고 소화시킨 다음 보통 점액과 함께 배설한다. 지칠 줄 모르는 이들 정원의 조력자 무리에는 지렁이와 달팽이를 비롯해서 진드기와 톡토기, 선충 등이 포함된다. 그들이 만들어 내는 다공성의 성긴 구조인 부식토는 물을 잘 가두어 둘 뿐 아니라 토양을 비옥하게 하는 데 매우 중요한 역할을 한다.

이렇게 만들어진 부식토는 다른 두 집단의 차지가 된다. 균류와 박테리아다. 균류와 박테리아는 딱히 그들의 땅속 이웃들에게 사전 준비 작업을 맡기지 않아도 되지만 다른 동물이 씹어서 한번 소화한 물질에서 영양분을 더 잘 추출하고 소비할 수 있다.

개체 수가 가장 많은 집단은 박테리아다. 1그램의 흙에는 1억 개 이상의 미생물이 들어 있다. 그들이 분해하지 못하는 유기질은 거의 없다. 그래서 모든 생명체는 죽은 다음에 확실하게 자연의 대순환 과정을 밟게 된다. 이들 작은 유기체들이 죽은 채소를 처리할 때 식물의 세포 안에 저장되었던 이산화탄소는 다시 방출된다. 하지만 자연 생태계에는 박테리아의 생활 및 작업 환경에 덜 적합한 깊은 토양층에 부식토가 존재하는 경우도 있으며 이런 환경은 부식토를, 그리고 그 안에 든 탄소를 보존하는 역할을 한다.

마지막으로 소개할 토양 생물인 균류는 약간 특이하다. 식물도 아니고 그렇다고 동물도 아니기 때문이다. 예전에는 아무 망설임 없이 식물로 분류했겠지만 최근 연구에 따르면 그들은 동물에 조금 더 가까운 것으로 밝혀졌다. 여느 동물과 마찬가지로 균류는 광합성을 하지 않으며 다른 유기체의 유기물을 먹고 산다. 균류는 세포벽이 곤충의 외골격과 비슷한 키틴질로 이루어진 경우가 많다. 일반 식물의 열매에 해당하는 부분인 갓이 — 우산 형태의 식용 버섯이나 줄기와 갓이 일체형인 독버섯까지 — 특히 눈에 띄는데, 기능 면에서는 사과나무에 열린 사과와 전혀 차이가 없다. 이 갓

흙에 대해 이해하기

에서 떨어지는 무수히 많은 포자는 바람에 날리거나 동물에 묻은 채 다른 장소로 운반된다.

균류에서 실질적으로 움직이는 부위는 균사다. 얇은 실처럼 생긴 균사는 표토층을 종횡무진으로 나아가면서 지표면 아래에서 눈에 보이지 않게 열심히 일한다. 흙 1그램에 들어 있는 균사가 거의 100미터에 육박하는 경우도 있다. 포시니나 거친껄껄이그물버섯 같은 몇몇 종들은 서로의 이익을 위해 나무와 공생하기도 한다. 나무의 뿌리 부근에 자리를 잡은 버섯이 마치 솜뭉치처럼 땅의 수분과 무기 화합물을 흡수해서 나무에게 보내면 그 대가로 나무는 단물을 배출해서 버섯에 영양을 공급하는 방식이다.

버섯의 군집화는 종종 놀라운 광경을 연출한다. 잔디밭에서 독버섯들로 이루어진 요정의 고리를 발견할 때도 마찬가지다. 버섯들이 둥글게 원을 그리며 나 있는 이런 볼거리는 버섯이 자라는 과정에서 생기는 매력적인 부수 효과가 아닐 수 없다. 버섯에서 중요한 부분은 실처럼 생긴 균사로 이루어진 그물 즉 균사체이며 이 균사체는 땅속에서 조금씩 이동하면서 도중에 영양분이 될 만한 모든 것을 먹어 치운다. 버섯에게 영양분을 제공하는 것은 온갖 종류의 무기 화합물이다. 싱싱한 잔디와 뿌리 중간에 죽은 잎들로 이루어진 마른풀 층도 예외는 아니다. 땅속 균류는 방사상으로 퍼져 나가는 것과 동일한 비율로 중심부의 조직이 흙 속에 든 영양분을 모두 소비한 채 죽어 간다. 이 과정이 수년에 걸쳐 진행되면 마침내 요정의 고리와 같은 커다란 반지 형태가 되는 것이다. 즉 가을에 우리가 흔히 말하는 버섯 즉 자실체가 생성되더라도 오직 방사상의 가장자리에 자리한 살아 있는 조직에서만 가능하고 이는 우리 잔디밭에서 또는 숲 바닥에 깔린 낙엽 위에서 모자를 쓴 버섯들이 커다란 원을 그린 채 불쑥 모습을 드러낼 수 있음을 의미한다.

때로는 균류가 잔디의 변색을 초래하기도 한다. 균사체가 현재 살아 있고 정원을 가로지르며 움직이는 중인 곳에서는 군집화가 나타나지 않은 곳보다 잔디 색깔이 상당히 진하고 억센 경우가 많다. 그리고 이런 증상은 정원을 가꾸는 사람들 사이에서 종종 버섯 때문에 잔디가 약해진다는 오해로 이어진다. 사실은 정반대다. 무기물이 분해되는 과정에서 잔디의 영양 공급을 보완해 주는 부식토가 만들어지기 때문이다. 균사체 부근의 잔디가 짙은 색을 띤다는 것은 잔디가 매우 건강하다는 뜻이다.

물론 균류의 군집화에는 분명한 단점도 존재한다. 실제로 어떤 균류는 균사 그물이 너무 촘촘하게 흙을 감싸는 바람에 빗물이 잔디 뿌리까지 스며들지 못하게 막고 그 결과 여름 갈수기에 잔디가 바짝 마르는 현상을 초래한다. 하지만 이런 단점은 토질이 좋아지는 효과만으로 충분히 상쇄된다. 즉 버섯을 제거하는 것이 오히려 비생산적이라는 뜻이다.

흙에 대해 이해하기

장기적인 영향을 미치는 흙의 경질화

유럽 곳곳의 토양은 더 이상 자연적인 상태가 아니다. 인간이 정착하기 전까지 유럽은 원시림이 울창한 곳이었다. 인간의 접근이 금지된 울창한 나무숲이야말로 양질의 부드러운 흙을 보호하는 최선의 방법이었고 모든 과정은 너도밤나무나 떡갈나무, 서양물푸레나무의 그늘 아래서 느리고 완만한 속도로 진행되었다. 인간은 방대한 면적의 숲을 밀어 버림으로써 갈수록 확장되는 그들의 정착지 주위에 있는 이 보호막을 제거했다. 그것으로 끝이 아니었다. 초기의 농부들은 황소에게 나무 쟁기를 끌게 하고 표토를 이랑에 끌어넣으면서 토양에 지울 수 없는 흔적을 남겼다. 나무 쟁기는 고작해야 20센티미터 정도의 깊이로 매우 얕게 땅을 갈았다. 그 아래의 흙은 쟁기질이 계속될수록 손상되었고 경반이라고 불리는 굳은 토층으로 변했다. 흙에 있는 숨구멍이 막혀서 물이나 공기조차 스며들 수 없는 땅이 된 것이다. 결국 경반층 아래의 토양 생물은 사실상 질식사했으며 큰비가 내려도 빗물이 흙 속으로 완전히 흡수되지 못했다. 종국에는 욕조 효과로 이어졌다. 즉 건조기에는 물 한 방울 나지 않다가 비가 내리면 모든 것이 물에 잠겼다.

가축들도 오랜 세월에 걸쳐 피해를 끼쳤다. 가축의 발굽이 땅을 짓밟으면서 지표면까지 이어지는 여러 지층의 숨구멍에 더욱 피해를 키웠다.

학생 시절에 독일 남서쪽에 자리한 산악 지대인 슈바벤 쥐라로 현장 학습을 간 적이 있었다. 현지의 삼림 감독관은 우리에게 숲에서 토양의 단면을 보여 주었다. 땅속의 개별적인 지층이 드러나도록 땅 한쪽을 인위적으로 파 놓은 장소였다. 그리고 바로 그곳에서 약 300년 전에 한 무리의 양이 살았던 흔적을 분명하게 볼 수 있었다. 당시에 짓밟힌 토양의 상층부는 여전히 회복되지 않은 상태였다.

오늘날에도 현대화된 농장들은 지속적으로 흙에 막대한 압력을 가하고 있다. 이런 농장에서 사용되는 거대한 농기계와 장비를 생각해 보라. 소가 끄는 쟁기는 비할 바가 아니다. 임업 분야에서도 인간과 말은 거의 50톤에 육박하는 거대하고 무거운 수확용 기계들로 대체되었다. 이쯤 되면 흙이 호흡 곤란 상태일 것은 의심할 여지가 없다.

굳이 이런 이야기를 하는 이유가 무엇일까? 이런 식의 경작과 토질 하락이 석기 시대부터 시작되었든 아니면 20년 전부터 시작되었든 상관없이 그 영향이 오늘날까지 미치고 있기 때문이다. 이러한 인간의 개입은 쉽게 지워지지 않는 기억처럼 영속적인 흔적을 남긴다. 예전에 농지였을 가능성이 농후한 우리 정원에도 높은 확률로 인간이 개입했던 흔적이 남아 있을 것이다. 사람 손을 탄 적이 없는 삼림 지대의 심토에서나 온전한 용적의 숨구멍을 기대할 수 있을 뿐이다. 무한궤도를 장착한 무거운 굴착기에 혹사된 현대식 건

흙에 대해 이해하기

설 현장 같은 곳의 흙에는 숨구멍이 아예 존재하지 않을 것이다.

하지만 걱정하지 마시라. 그렇다고 정원의 흙이 쓸모없다는 뜻은 아니기 때문이다. 굳은 정도에 따라 효과가 제한적이기는 하겠지만 어느 깊이에서 손상이 시작되는지 아는 것은 충분히 의미가 있는 일이다. 손상된 숨구멍 구조는 보통 20센티미터 이상의 깊이에서 발견된다. 모순적이지만 토양의 최상층은 중장비의 무게를 견뎌 왔음에도 일반적으로 상태가 좋다. 토양의 최상층에 숨구멍이 많은 이유는 서리 때문이다. 흙 속에 포함된 최근 빗물과 함께 흙이 어는 경우에 실제로 결빙이 진행되는 깊이는 고작해야 지표면으로부터 10~20센티미터다. 이 부위에 얼음이 얼고 부피가 팽창하는 과정에서 표층의 굳은 흙이 부서지고, 숨구멍이 열리고, 공기가 잘 통하게 되는 것이다. 그럼 적어도 이 표층에는 토양 생물이 돌아와서 다시 활발하게 활동하기 시작한다. 두더지와 들쥐의 땅굴도 토양의 통기성을 높이는 데 일조한다.

굳은 토층 즉 경반층의 존재를 파악하는 방법은 몇 가지가 있다. 그중 하나로 낮은 투수성을 들 수 있다. 투수성이 좋지 않으면 비가 많이 올 때 빗물이 땅속으로 스며들지 못하고 땅이 물에 잠기고 만다. 이런 현상이 나타나면 처음에는 단지 정원이 유독 축축하다고 생각할 수 있다. 하지만 특히 무더운 여름에 수분이 급하게 필요할 때는 반대로 금방 말라붙는 모습을 보일 것이다. 이런 편성 토양은 식물에게 특히 좋지 않다. 물이 많이 필요한 식물은 여름에 탈수 증상을 겪는 반면에 물을 많이 먹지 않는 식물은 장마철에 익사할 수 있기 때문이다.

또 다른 단서는 예컨대 괭이질할 때 느껴지는 관입 저항, 즉 토양의 저항력이다. 서리가 내릴 때마다 재생되는 표층에서 20센티미터보다 깊은 곳의 흙을 부드럽게 만들고 싶은데 흙이 굳어 있다면 상당히 많은 고생을 감수해야 한다. 흙의 상태를 보다 가까이에서 살펴보면 확실하게 알 수 있다. 대략 30~40센티미터 깊이에서 샘플을 채취해서 표토와 비교해 보라. 표토가 부드러운 세립질 토양이라면 보다 깊은 곳에서 채취한 단단한 흙은 숨구멍이 거의 없을 것이다. 질감으로는 찰흙에 가깝고 말리면 작고 모난 덩어리로 부서진다. 숨구멍이 있는 부드러운 흙에는 이런 모난 덩어리가 없다. 숨구멍이 부족해서 나타나는 산소 부족 현상은 연한 회색 바탕에 흙 속의 철분이 녹슬면서 갈색으로 변한 작은 알갱이가 점점이 박힌 흙 색깔을 통해 확인할 수 있다. 어쩌면 자연적인 현상일 수도 있지만 대부분의 경우에 이런 유형의 토질 저하는 인간의 농업 활동으로 초래된다.

토양의 경질화에 따른 영향은 배수와 물 관리의 문제에만 국한되지 않는다. 대부분의 식물은 뿌리 부근에서 발생하는 산소 부족 문제를 극복하지 못한다. 예민한 식물은 땅속에서 이런 산소 부족에 직면하자마자 질식사한다. 뿌리채소에게는 아주 좋지 못한 상황이다. 이런 상황에서 자란 뿌리채소는 불안정하고 끝이 갈라진 형태로 자라서 결국에는 부엌에서 껍질을 벗기는 사람에게 짜증을 유발한다.

나무의 경우에는 좌절의 수준이 다르다. 굳은 땅에서 나무는 완전하게 뿌리를 내리는 데 어려움을 겪고 따라서 안정적으로 자리를 잡는 데 실패할 수 있다. 뿌리를 깊이 내리지 못하는 문제는 공기가 잘 통하지 않는 흙에서 비롯되며 대체로 가문비나무에서 자주 관찰된다. 통계적으로 보았을 때 이 문제는 25미터가 넘게 자라는 침엽수의 경우에 조금 위험하다. 유럽에서는 눈보라가 몰아치는 계절인 겨울에도 잎을 그대로 유지하는 까닭에 앙상해진 가지 사이로 바람이 빠르게 관통하는 낙엽수와 달리 돛을 활짝 펼친 채 바람을 맞는 모양새가 되면서 나무가 통째로 쓰러질 위험이 매우 높기 때문이다. 특히 빗물이 스며들지 못하는 굳은 땅에 비가 온 다음에는 풍력이 10등급만 되어도 침엽수가 뿌리째 뽑힐 수 있다. 땅속으로 고작 20센티미터만 뿌리를 내린 상태로는 비 온 뒤에 질퍽거리고 질척질척한 땅에서 안정적인 자세를 유지하기가 불가능하고 그렇게 쓰러질 위험은 더욱 증가한다.

정원의 상황이 이런 흙 상태를 암시하더라도 건강하고

행복한 나무를 키울 방법은 여전히 많다. 무엇보다 굳은 땅을 부드럽게 만드는 데 도움이 되는 나무도 두 종류나 있다. 떡갈나무와 전나무는 산소가 어떤 수준이든 상관없이 뿌리가 땅속 깊이 파고들기 때문에 적어도 어느 정도까지는 과거의 원죄를 줄여 줄 수 있다. 이 나무들 외에도 낙엽수는 겨울에 잎을 떨구어서 덩치가 커져도 안정적인 상태를 유지하므로 일반적으로 안전하다. 덩치가 비교적 작게 자라는 예컨대 과일나무 같은 종도 매우 안전한 선택이 될 수 있다.

굳은 토층의 지속적인 영향을 알고 나면 땅굴을 파는 천공 동물들이 완전히 달라 보이기 시작할 것이다. 실제로 우리는 들쥐와 특히 두더지의 공로를 인정해야 한다. 들쥐가 드물게 50센티미터를 넘기는 경우도 있지만 비교적 얕은 깊이로 땅굴을 판다면 두더지는 그 두 배 정도의 깊이로 땅굴을 판다. 그들은 땅굴을 팔 때 주로 먹잇감에 집중하고 땅의 굳기는 그다지 상관하지 않는다. 다시 말해서 지렁이와 유충만 많다면 땅속의 이 눈먼 포유동물들은 신나게 개체 수를 늘려 갈 것이다. 그러니 혹시 잔디밭에 두더지가 파 놓은 흙 두둑이 보이더라도 화낼 필요가 없다. 그들의 땅굴 작업으로 땅속 깊은 곳까지 공기가 잘 통하게 되었으니 오히려 흙을 회복시키는 작업이 시작되었다고 생각하면 된다. 머지않아 토양 생물이 다시 숨을 쉬고 정원은 비옥해질 것이다. 부수적으로 두더지가 파 놓은 흙 두둑에서 채취한 세립질 토양을 돋움 화단이나 화분에 재활용하거나 또는 잔디밭에 그냥 뿌려 줄 수도 있다. 이렇게 뿌려 준 흙은 불과 이삼 주 만에 흔적도 없이 사라질 것이다.

들쥐는 워낙 지표면에 가깝게 땅굴을 파기 때문에 이런 긍정적인 효과가 비교적 적다. 게다가 채소와 꽃을 먹어 치우는 습성이 있어서 전체적으로 보면 두더지가 더 낫다.

침식을 예방하기

이제 정원의 흙이 어떤 유형인지, 얼마나 느리게 만들어지는지, 그리고 그것이 얼마나 소중한지 잘 알았을 것이다. 우리는 비료를 사용하거나 퇴비를 줌으로써 부식토의 성분에 어느 정도 영향을 줄 수 있다. 하지만 황토 입자나 점토 광물로 이루어진 진짜 흙은 인간이 간단히 재생산할 수 있는 것이 아니다. 물론 표토를 보충해 주는 방법이 있지만 이렇게 메운 흙의 아래쪽에서는 토양 생물이 거의 살 수 없다는 점을 생각하면 이러한 개입은 다소 공격적이다. 할 수만 있다면 정원에 있는 기존의 흙으로 임시변통하는 것이 최선이다. 그렇더라도 많은 경우에 침식은 피할 수 없고 흙의 양은 점점 줄어든다.

침식이 가장 느린 속도로 진행되는 이상적인 환경은 숲이다. 숲속 나무 그늘 아래의 연간 흙 손실량은 1제곱미터당 1그램이 채 되지 않으며 이는 대부분의 숲 지역에서 새로 생성되는 흙보다 적은 양이다. 이런 이유로 숲이나 삼림 지대에서는 토양층이 지속적으로 증가하고 있다.

농경지는 다른 극단을 보여 준다. 개활지에서는 바람과 물이 한 해에만 1제곱미터당 10킬로그램의 흙 손실을 초래한다. 한 번으로 끝나는 산사태 같은 문제가 아니라 해마다 반복적으로 사라지는 양이 이 정도다. 여기에 토양의 재생성 과정이 엄청나게 느리다는 점을 감안하면 토질은 점점 더 악화될 수밖에 없다.

침식은 기본적으로 주기적으로 일어나는 것이 아니라 극단적인 기상 이변이 일어날 때마다 시시때때로 발생한다. 지표면에는 말라붙은 개울처럼 보이는 물고랑이나 물길이 곳곳에 존재한다. 그리고 폭우가 내릴 때나 겨우내 엄청나게 쌓였던 눈이 봄에 일시에 녹을 때 흙은 물을 충분히 빨리 흡수하지 못한다. 그 결과 상당량의 물이 지표면을 흐르다가 예의 물길로 집중된다. 이런 진행은 매우 가시적인 토양 침식의 한 형태이며 매년 같은 현상이 반복될 때마다 물길은 조금씩 더 깊어진다.

현대 농법은 겨울철 빈 농지에 쟁기질을 하는 과정에서 인위적으로 움푹 파인 곳을 많이 만들어 내기 때문에 빗물이 이런 물길을 따라 흐르면서 순식간에 흙이 떠내려갈 수 있다.

정원에서도 이 같은 침식 작용이 일어날 수 있다. 비가

흙에 대해 이해하기

많이 내릴 때는 혹시라도 화단에 작은 물줄기가 생기는지 잘 살펴보아야 한다. 빗물이 갈색의 흙탕물로 변하는 순간 우리의 소중한 흙이 빗물과 함께 씻겨 내려가는 광경을 볼 수 있을 것이다. 이런 경우에는 다년간 토양의 전면을 덮는 영년 피복 식물을 심으면 도움이 될 수 있다. 채소 수확을 끝낸 뒤 겨울에도 자랄 수 있는 이를테면 잔디나 그 밖의 작물을 심으면 도움이 될 것이다.

제초 행위도 침식을 유발한다. 식물들 사이에서 깊이 뿌리를 내리고 있는 달갑지 않은 식물을 발견하고 이를 그냥 확 잡아 뽑으면 뿌리에 흙이 딸려 나올 수밖에 없다. 따라서 퇴비 더미에 던지기 전에 잡초를 하나하나 잘 털어 주어야 한다. 뿌리 분포가 둥글게 되어 있는 작은 분형근에 단지 몇 그램의 흙만 붙어 있어도 여름 내내 쌓이면 몇 킬로그램이 될 수 있다.

9장

녹색의 신비로움과 외래종

정원에 있으면 어째서 마음이 편해지는 걸까? 식물이 자기 스스로 일어서서 자리를 떠나 버릴 수 없다는 사실에서 안도감을 느끼는 걸까? 엉뚱한 상상이기는 하지만 만약 정원에 심은 토마토나 장미, 목련 등이 스스로 돌아다닐 수 있다면 어떤 일이 벌어질까? 아마도 모든 화단마다 둘레에 울타리를 쳐서 식물들을 가두어 놓던가 아니면 포기하고 탈주를 방조하는 수밖에 없을 것이다. 하지만 고맙게도 한번 식재된 관목이나 여러해살이 식물은 그 자리에 고정된 채 움직이지 않는다. 그런데 정말 식물이 오직 한 자리에만 머문다고 말할 수 있을까? 전혀 그렇지 않다. 모든 식물이 다 그렇게 얌전한 것은 아니다.

우선은 누구나 당연하게 여기는 것, 즉 잎의 색깔에 관해 이야기해 볼 필요가 있을 것 같다. 선택할 수만 있다면 식물들은 아마도 이 세상에 존재하는 모든 색으로 잎을 치장해서 진정한 색채의 향연을 벌이고자 할 것이다. 하지만 색채의 향연을 벌이기 위해서 굳이 따로 선택할 필요가 없는 색이 하나 있다. 바로 녹색이다.

녹색 잎과 잡색

식물이 햇빛을 이용해 이산화탄소와 물에서 탄수화물(당분과 셀룰로스를 비롯한 다른 구성 요소와 영양분)을 생산한다는 사실을 학교에서 배운 기억이 있을 것이다. 그리고 광합성이 눈으로 직접 관찰할 수 있는 현상이 아니라는 것쯤은 알고 있을 것이다. 그렇지만 그 과정의 결과물은 확실하게 눈으로 볼 수 있다. 광합성의 부산물이 바로 녹색이기 때문이다.

엽록소는 마그네슘을 함유한 탄화수소로, 광합성을 가능하게 하는 물질 중 하나다. 모든 잎에는 식물이 빛 에너지를 이용할 수 있도록 도와주는 이 녹색 물질이 들어 있다. 그런데 이 물질이 녹색인 이유는 무엇일까? 빛은 자외선부터 적외선까지 일련의 스펙트럼에 속한 다양한 파장으로 구성된다. 하지만 이 파장들이 모두 광합성에 이용되는 것은 아니므로 식물에게 필요하지 않은 색은 잎에서 전부 반사된다. 녹색은 이 과정에서 걸러진 색인 동시에 식물에게서 버려진 일종의 전자기파 폐기물이다. 다시 말하면 식물이 태양 광선의 다른 파장들을 흡수하고 남은 전부인 셈이다. 식물이 태양 광선의 모든 파장을 흡수할 수 있었다면, 식물은 아마도 검게 보였을 것이다.

목초지와 숲, 정원에 보이는 녹색은 수없이 많은 식물이 열심히 일하고 있다는 증거다. 대양의 깊은 곳에 사는 특이한 생명체들을 제외하면 지구의 생명체는 오직 두 가지 형태로 나눌 수 있다. 햇빛을 먹고 사는 식물과 식물의 존재에 기대어 사는 동물로 말이다. 혹시 당신이 지금 정원에서 녹색 풀이나 나뭇잎을 보고 있다면 지구의 모든 생명체에게 동력을 제공하는 엔진을 보고 있는 셈이다.

때때로 우리의 정원에는 녹색의 변주에만 머무르고 싶어 하지 않는 식물들이 존재한다. 예컨대 너도밤나무나 단풍나무, 자주잎자두나무 같은 붉은 잎 식물들은 원래 녹색잎이던 품종들이 개량을 거친 결과다. 관상용 식물 중 상당수는 잎이 다양한 색깔을 띤다. 이런 유전자 돌연변이 식물들은 야생에서 불리할 수 있다. 색깔이 다양하다는 것은 엽록소가 부족해서 생기는 현상이기 때문이다. 녹색 색소가 상대적으로 부족한 경우에는 심지어 여름에도 잎의 색깔이 보통은 우리가 가을에만 볼 수 있는 색소인 붉은 카로티노이드의 영향을 받는다.

야생 상태에서 이 빈곤한 식물들은 건강한 이웃들에게 뒤처질 수밖에 없다. 생산할 수 있는 당분의 양이 매우 제한

　　녹색의 신비로움과 외래종

적이어서 성장이 지지부진해지기 때문이다. 경쟁에서 일단 한 번 뒤처지고 나면 그대로 끝났다고 보아야 한다. 성장이 더딘 식물들은 경쟁자들만큼 햇빛을 받을 수 없고 결국 번식할 기회도 얻지 못한 채 죽음을 맞이하게 된다.

이와 달리 정원은 공평한 경쟁의 장이 아니다. 이 안에서는 인간이 승자와 패자를 결정할 수 있다. 잎이 붉거나 자주색인 품종들이 오직 인위적으로 가꾸어 놓은 환경에서만 발견되는 이유도 여기에 있다. 게다가 이런 나무들은 작은 뜰에 적합하다는 큰 이점도 가졌다. 절대로 부담스러울 만큼 크게 자랄 위험이 없다.

정원의 나무와 관목

어쩌면 나무는 우리가 생각하는 것보다 훨씬 폭력적인 면모를 가졌을 수도 있다. 무성한 잎을 매단 채 여름 산들바람에 가지를 살살 흔드는 이 거인들이 실제로는 다른 종들에게 매우 불쾌한 존재가 될 수 있다. 그들이 가진 최고의 무기는 줄기인데 이 줄기는 극단적인 경우에 100미터가 넘게 자라기도 한다. 그런데 나무의 줄기가 무기가 될 수 있다니 식물들이 실제로 서로 싸움이라도 벌인다는 뜻일까?

우리 뒤뜰에서는 으레 소리 없는 전쟁이 진행 중이다. 싸워 이긴 승자들에게 주어지는 상은 빛이다. 햇빛을 받는 면적이 제한적인 까닭에 매년 수십만 주의 어린나무들이 햇빛을 선점할 기회를 얻기 위해 서로 경쟁한다. 이 싸움에서 승리할 수 있는 유일한 방법은 시작부터 선두 자리를 확보하는 것이다. 남들보다 더 크고 넓게 자라서 경쟁자들을 제치고 나아가는 데 성공한 승자는 나머지를 어둑어둑한 그늘로 가두어 버린다. 패자들은 성장에 어려움을 겪으면서 시들시들한 상태로 버티다가 결국 어슴푸레한 빛 속에서 굶어 죽는다. 이런 식으로 어린나무의 상당수가 다시 부식토가 된다. 이쯤에서 나무의 줄기가 갖는 이점이 확실해졌을 것이다. 벚나무든 가문비나무든 또는 떡갈나무든 줄기의 도움이 없었다면 지금의 높이까지 자랄 수 없었을 것이다. 풀은 물론이고 관목이나 여러해살이 식물은 아예 참가할 기회조차 얻지 못한다. 그늘 속에 남겨진 채 마냥 시들어갈 뿐이다. 특히 빽빽한 숲의 표층이 매우 척박하고 식물이 자라지 않는 이유도 바로 여기에 있다.

정원은 나무가 살아가기에 좁은 서식 공간이고 나무의 공격적인 행동은 가능한 한 다양한 품종의 식물을 심으려는 집 주인의 바람과 충돌할 수밖에 없다. 하지만 아무리 호전적이라도 나무 거인들을 무조건 배제할 이유는 없다. 예컨대 오크와 자작나무는 훨씬 타협적이고 다른 나무들보다 더 많은 빛을 투과시켜서 땅에 이르게 한다. 과실수도 정원의 다른 식물들에게 좋은 이웃이다. 상대적으로 나무줄기가 짧고 접붙이는 과정을 거치면서 늘 작은 키를 유지하기 때문이다.

물론 정원을 완전한 숲처럼 만들려는 사람도 거의 없다. 인간은 탁 트인 공간에서 진정으로 편안함을 느끼는 경향이 있기 때문이다. 결국, 사람이든 식물이든 누구도 내내 그늘에만 있는 것을 좋아하지 않는다. 화단과 테라스에는 태양의 온기가 도달할 수 있어야 한다. 정원은 이를테면 스텝 지대와 비슷한 모양새가 된다. 키 작은 식물들이 주를 이루고 가능한 부지의 가장자리에 키 큰 나무들이 외따로 서 있기 때문이다.

여기서 관목은 나은 선택이 된다. 키가 3미터를 넘어가는 경우가 거의 없을뿐더러 충분한 햇빛을 투과시키면서도 동시에 장막이나 가리개로 이용될 수 있다. 또한 대대적인 가지치기에도 매우 관대한 편이라서 아주 열정적으로 금방 다시 자란다. 그들이 야생에서 많은 거대 초식 동물을 상대한다는 사실을 생각하면 그다지 놀랄 일도 아니다. 야생 들소나 가젤, 사슴 등은 관목의 잎과 줄기를 뜯어 먹음으로써 정기적으로 그들을 초기 상태로 되돌린다. 이 여러해살이 목본성 식물의 입장에서는 가지치기를 하는 주체가 야생동물이든 아니면 정원 주인이든 별반 차이가 없다. 그들은 자신의 자리에 금방 익숙해지고 이런 점에서 정원에 새로운 식구로 들이기에 완벽한 식물이다.

식물 침입자

지구에 생명체가 존재하기 시작한 이후로 모든 종은 끊임없이 이동했다. 그들의 이동이 바뀐 기후에서 탈출하기 위해서였든 아니면 새로운 서식지를 찾기 위해서였든 한 가지 사실은 절대적으로 분명하다. 어떤 식물이나 동물도 영원히 같은 지역에 머무르지 않는다는 것이다.

이런 변화는 확실히 수백 년 또는 수천 년에 걸쳐 진행된다. 하지만 이제 우리는 이 같은 이동의 톱니바퀴가 급속하게 가속되는 현상을 목격하고 있다. 의도적이든 아니든 간에 점점 더 많은 식물과 동물이 인간의 화물이나 수하물에 실린 채 새로운 대륙에 발을 내딛고 있다. 외래 유입종을 뜻하는 이 귀화 식물들은 이 뒤에 소개될 사례를 통해 알게 되겠지만 우리의 풍경에 뚜렷한 영향을 끼쳤다.

중부 유럽 전체 면적의 절반 이상이 주로 경작지 형태로 농경에 이용된다. 이 농경 지역은 본래 울창한 숲으로 덮여 있던 땅을 경작지로 이용하기 위해 나무를 베어서 조성한 곳이고, 이제는 다른 대륙에서 건너온 감자나 옥수수, 후추 같은 종들이 대부분의 지역을 차지하고 있다. 이 신참자들은 이제 외래종 특유의 이질감이 전혀 느껴지지 않을 만큼 우리에게 익숙해졌다. 마찬가지로 우리의 숲도 수차례나 변신을 거듭했다. 한때 너도밤나무와 참나무가 바람에 흔들리며 바스락거리는 소리를 내던 자리에는 이제 열병식을 하듯 일렬로 늘어선 가문비나무와 소나무가 들어서 있다. 종 변화는 중부 유럽의 4분의 3에 달하는 지역에서 진행되었는

데 그 변화는 상당히 의도적이었다. 자연은 더는 이 일과 아무런 상관이 없다. 우리는 오늘날 세계에서 인구 밀도가 가장 높은 지역 중 하나에 살고 있으며 식량과 소비재의 꾸준한 공급을 매우 중요하게 생각한다.

기회가 된다면 언제 한 번 정원을 둘러보면서 채소와 꽃과 나무 중 재래종이 실제로 얼마나 되는지 가늠해 보라. 도덕적인 잣대를 들이대거나 재래종이 반드시 우월하다고 주장하려는 것이 아니다. 외래 유입종이 공존하는 친환경적인 정원은 여전히 우리의 식량 공급과 건강에 중대한 기여를 할 뿐 아니라 멸종 위기에 직면한 재래종들에게 안전한 서식지가 될 수 있다. 중요한 것은 우리가 주변에서 오랫동안 봐 왔던 식물들 대부분이 귀화 식물이라는 점이다. 그런데도 특유의 순응적인 습성 덕분에 딱히 언론의 관심을 끌지 않을 뿐이다. 즉 이들 귀화 식물들은 자신에게 주어진 좁은 땅을 벗어나지 않으면서 다른 말썽을 일으키지 않고, 걷잡을 수 없이 퍼져 나가지도 않으며, 우리가 더는 재배하지 않겠다고 결정하는 순간 순순히 물러간다.

외래 식물은 이런 거래 조건을 존중하지 않은 채 정원이나 텃밭을 벗어나서 농촌 지역에서 걷잡을 수 없이 창궐하는 경우에만 언론에 부각된다. 이런 문제의 종에 대해서는 조금 뒤에 일부를 더 자세히 살펴볼 예정이다.

동물과 마찬가지로 식물도 장소를 이리저리 옮겨 다닌

다. 물론 당연히 네 다리로 움직이는 것이 아니다. 식물의 씨눈은 씨앗이나 열매의 형태로 장소를 옮겨 다닐 수 있는 능력을 지녔다. 달리 말하면 성적으로 성숙한 식물로 자라서 씨앗을 생산하고 생을 이어갈 새로운 집을 찾기 위해서 식물의 씨앗이나 열매도 나름의 여정을 수행해 나가야 한다는 뜻이다. 솜털로 뒤덮인 가벼운 씨앗들은 바람에 실려 수백 킬로미터를 이동한 뒤 새로운 지역에 도착해서 땅에 내려앉는다. 견과류 같은 좀 더 무거운 씨앗들은 동물의 도움이 필요하고 다람쥐나 쥐 또는 어치 같은 새들이 씨앗을 모아서 쟁여 놓는다. 겨울에 배가 고파지면 이 동물들은 숨겨둔 양식을 찾으러 간다. 하지만 장소를 기억하지 못하는 경우가 종종 발생하면서 모아 놓은 식량 중 일부가 온전히 남게 되고 이듬해 봄이 되면 여기에서 싹이 튼다. 개암나무나 떡갈나무, 자작나무 등은 10년에 2킬로미터 정도의 속도로 매우 느리게 이동한다. 이는 그들의 동물 조력자들이 그 이상으로 영역을 벗어나는 경우가 매우 드물다는 반증이기도 하다.

하지만 이제 식물의 이동 속도는 새로운 경지에 도달했다. 우리 인간이 그 조력자 역할을 하고 있기 때문이다. 식물들은 이제 인간과 마찬가지로 자동차나 기차, 배, 비행기 등 현대식 교통수단을 이용해서 이동 중이며 같은 이유로 수많은 종이 대륙 간 이동에 성공했다는 사실은 전혀 놀라운 일이 아니다. 우리 농업을 고려해 보면 그들의 성공으로 우리의 풍경이 얼마나 많이 바뀌고 재설계되었는지 알 수 있으며 이 새로운 풍경 안에서 재래종은 소수 집단으로 전락했다.

대부분의 농작물에는 한 가지 공통점이 존재한다. 할당된 구역을 벗어나지 않는다는 점이다. 혹시라도 감자가 통제 불능이라거나 양배추가 제멋대로라는 말을 들어 본 적이 있는가? 절대 없을 것이다. 왜냐하면 이 외래 유입종들은 그다지 경쟁력을 갖고 있지 않기 때문이다. 심지어 서리에 강한 편도 아니라서 그야말로 인간의 아낌없는 다정한 보살핌이 있어야만 살아남을 수 있다. 인간의 보살핌이 없다면 재배 식물의 대부분은 흔적도 없이 사라질 것이다. 이처럼 농작물은 대개 문제를 일으키지 않는 범주에 속한다.

그렇지만 일단의 외래 유입종들은 밭이든 정원이든 지정된 구역에만 머무르지 않고 기회가 생기는 대로 무단이탈을 감행한다. 그들의 씨앗은 바람이나 물, 새를 통해서 확산되고 농촌의 모든 지역에서 빠른 속도로 군락을 형성한다. 이들의 군집화는 재래종 식물의 희생 위에서 이루어지며 다양한 재래종 식물들이 외래 유입종으로 대체되는 결과를 낳는다.

이 같은 침입의 신호탄을 쏘아 올린 것은 유행에 따라 조경된 정원이었다. 예를 들어 히말라야 물봉선Impatiens glandulifera은 19세기 초에 아시아에서 유럽으로 넘어왔다. 줄기가 2미터까지 자라는데 분홍색 꽃 덕분에 인기를 얻어서 각 가정의 화단에 추가되었다. 가을이 되면 히말라야 물봉선은 수천 개의 씨앗을 남기고 죽는다. 학명에 들어 있는 성격이 급하다는 의미의 'impatiens'라는 단어는 씨앗을 수 미터까지 멀리 흩뿌리는 이 식물의 폭발적인 기제를 가리킨다. 근처에 개울이나 강이 있는 경우에는 씨앗 중 일부가 물에 떨어져서 다른 장소로 이동하기도 한다. 이후에는 강둑 전체에 빠르게 군락이 형성되고 재래종 식물들은 숨이 막혀서 거의 질식사한다. 무성하게 자란 잎들이 강둑을 뒤덮고 다른 식물들이 질식사한 상태에서 다시 가을이 오면 히말라야 물봉선은 죽고 강둑은 무방비 상태가 되어 겨울비라도 내리면 벌거벗은 토양이 빗물에 쓸려 내려간다.

큰멧돼지풀과 호장근도 공격적으로 정원에서 탈출하는 식물들이다.

사정이 이런 데도 원예점들은 심지 않는 편이 훨씬 정원에 도움이 될 이런 식물들을 여전히 고집스럽게 팔고 있다. 당장 머릿속에 떠오르는 것들만 하더라도 북아메리카 대륙이 원산지이면서 유럽의 농촌 환경에 잘 적응하는 블루베리와 중국이 원산지이면서 휴한지를 완전히 장악하기 일쑤인 주약화, 북아메리카가 원산지이면서 강둑을 따라 퍼져나가는 양미역취 등이 있다.

침입종의 무분별한 확산에 일조하지 않으려면 어떻게 해야 할까? 한 가지 안전한 방법은 항상 재래종을 심는 것이다. 재래종도 마찬가지로 정원을 벗어날 수는 있지만, 일반적으로는 울타리 쳐진 경계선 안에 머무르는 편을 훨씬 선호할 것이다.

물론 우리가 구입할 수 있는 정원 식물 중에는 이국적인 외래 유입종이 상당 부분을 차지한다. 우리가 항상 희귀한 것에 이끌리고 토종 식물이 아무리 풍성하게 꽃을 피워도 이를 외면한 채 단지 새롭다는 이유로 시시한 외래 유입종을 선택하기 때문이다. 대표적인 사례가 바로 감자다. 놀랍게도 감자는 처음 유럽에 들어왔을 때 관상용 식물로 판매되었다. 아직 식용 작물로서 아직 그 가치를 인정받지 못했을 때였다. 혹시라도 기회가 된다면 감자의 작고 하얀 꽃을 한 번 살펴보라. 특별히 흥미로운 점을 찾아볼 수 없을 것이다. 결국에는 동시다발적으로 재배되기 시작하자 희소성과 매력이 반감되면서 오늘날 이 덩이줄기 채소를 화단에 심으려는 사람은 거의 사라졌다.

물론 재래종이 아닌 식물을 전부 외면해야 한다고 말하려는 것이 아니다. 그렇더라도 구입하기 전에 인터넷에 접속해서 식물에 대한 정보를 찾아보고 해당 식물의 습성을 알아보는 것이 현명하다. 많은 웹 사이트에서 새로운 침입종에 대한 최신 정보를 제공하고 있다. 확인해 보면 알겠

자연 수업

지만, 대부분의 식물은 매우 길들여 있는 상태라서 주어진 화단에만 머물면서 특별한 문제를 일으키지 않는다. 실제로 정원을 탈출하는 식물은 그 수가 매우 적다. 경험에 따르면 여기에는 '10분의 1' 법칙이 적용된다. 즉 외래종은 열 개의 종 가운데 겨우 한 개꼴로 유럽의 정원에서 생존할 수 있다. 그렇게 생존에 성공한 열 개의 종 가운데 오직 하나만이 울타리를 넘어 들판으로 탈출하는 데 성공하며 그나마도 고립된 노두 지대에 떨어질 확률이 높다. 마지막으로 탈출에 성공한 무리 중에서 또 10퍼센트만이 토종을 쫓아내기 시작하면서 실질적인 문제를 유발한다. 이와 같은 확률은 궁극적으로 1,000종의 외래종 가운데 하나만 손대지 않으면 된다는 사실을 의미하며 이 정도 제약이라면 얼마든지 감수할 만하다.

새 먹이와 같은 제품에 섞여서 초대받지 않은 손님이 우리 정원에 밀항해 들어올 수도 있다. 이런 손님 중 하나가 바로 돼지풀인데 꽃가루 알레르기에 시달리는 사람들에게는 이 식물 하나 때문에 소박한 뜰이 절대 지옥으로 변하기도 한다. 바이에른 주립 농업연구센터에 따르면 돼지풀 하나는 최대 10억 개까지 꽃가루 입자를 생산하는데 이 꽃가루가 다른 풀에 비해서 알레르기를 유발할 가능성이 훨씬 높다. 해바라기와 매우 비슷한 돼지풀은 해바라기와 같이 자랄 경우에 구분하기가 어려워서 제거가 거의 불가능하며 이는 돼지풀 씨앗이 종종 새 먹이로 둔갑할 수 있다는 뜻이다. 밀항에 성공한 씨앗은 우리 정원에 남은 채 향후 40년 동안 언제든 발아할 수 있는 상태를 유지한다. 혹시라도 겨울철에 새에게 먹이를 줄 때는 포장지에 '돼지풀 씨앗 걱정 없음'이나 이와 유사한 문구가 인쇄되어 있는지 확인해야 한다. 이런 최소한의 행동이 정원의 미래에 조금이나마 안전장치가 되어 줄 것이다. 지난 수십 년간 이용해 온 새 먹이에 들었을지 모를 시한폭탄이 얼마나 큰 피해를 일으킬지는 아직 두고 봐야 한다.

돼지풀 종 자체는 경쟁력이 약하고 탁 트인 토양에서만 생존할 수 있다. 따라서 정원에 다른 식물들이 이미 가득한 상태라면 돼지풀이 화단이나 잔디밭에 발을 들이밀 여지가 거의 없을 것이다.

10장

동물들

우리는 어떤 식물을 정원에 들일지 스스로 결정할 수 있지만, 동물들은 우리의 의사와 무관하게 제멋대로 드나들며 종종 정원의 식물을 먹어 치운다. 그리고 이런 외부 개입으로 정원의 식물들은 우리가 전혀 예상하지 못한 방식으로 성장할 수 있다.

영역 활동

우리 인간이 땅 위에 경계선을 긋는 행위는 실질적으로 정확히 동물적인 행동이다. 개가 자신의 영역을 표시하기 위해 한쪽 다리를 들듯이, 우리 인간은 울타리를 치거나 담장을 쌓는다. 울타리는 외부인에게 오해의 여지가 없는 경고를 보낸다. 이곳은 주인이 있는 땅이며 허가 없이 들어오는 것을 절대로 용인하지 않겠다는 것이다. 물론 다른 동물들과는 달리 우리는 경계를 침범한 상대에게 직접적이고 물리적으로 공격을 가하기보다는 소송으로 대응한다. 여기에는 우리 인간이 힘으로 협박하는 방식에서 벗어났다는 중요한 차이가 존재하지만, 생물학적 측면에서 보면 인간이든 동물이든 모두 똑같은 행동을 보이기는 매한가지다. 동물의 왕국에 나타나는 또 다른 특징 중 하나는 같은 종의 구성원들끼리만 서로의 영역 경계를 준수한다는 사실이다. 종이 다른 동물들은 이 땅이 나의 소유라거나 나의 재산이라는 사실에 아무런 관심이 없다. 옆집에 사는 고양이를 예로 들어보자. 옆집 고양이는 자신의 경쟁자에게 보복해야 할 때 주인아주머니가 소유한 땅의 경계가 어디서 시작해서 어디서 끝나는지 상관하지 않는다.

화단을 자세히 들여다보면 다양한 동물들이 표시해 놓은 다양한 영역을 금방 발견할 수 있다. 그들은 주변에 우리가 있어도 전혀 불안해하지 않으며 사실 그들 중 대부분은 우리를 의식하지도 않을 것이다. 그들이 이런 반응을 보이는 이유는 우리 인간을 경쟁자로 여기지 않기 때문이다. 새와 포유동물, 곤충 등은 우리가 그들의 영역에 끼치는 영향에 대해서도 아무런 관심이 없다. 정원 안에 동시에 얼마나 많은 영역이 겹칠 수 있는지 보여 주는 예를 몇 가지 들어보자.

대부분의 명금류는 새끼를 낳아 기르는 한 쌍당 1헥타르, 즉 10,000제곱미터의 공간이 필요하다. 종의 몸집이 커질수록 그리고 가리는 먹이가 많아질수록 영역의 경계는 더 멀리 확장된다. 예컨대 죽은 나무에 사는 개미나 곤충을 먹고 사는 오색딱따구리에게는 30헥타르의 영역이 필요하다. 반면에 은둔 생활을 하는 먹황새는 100제곱킬로미터 즉 무려 10,000헥타르가 넘는 면적을 자신의 영역으로 삼은 채 먹이 활동을 한다. 결국 정원은 새 한 마리가 활동하는 전체 영역의 아주 작은 일부에 불과한 셈이다.

포유동물 중에서는 쥐가 10제곱미터 정도로 가장 작은 영역을 유지한다. 다람쥐의 영역은 4~5헥타르 정도 되며 여우는 자신과 새끼들을 위해 최소 20헥타르의 영역이 필요하다. 정원의 영역이 몇백 제곱미터가 넘는 경우는 매우 드물다는 점에서 다른 동물들과 비교할 때 인간에게 필요한 영역은 상대적으로 소소하다고 할 수 있다.

하지만 인간과 동물의 영역에는 한 가지 중대한 차이가 존재한다. 인간의 울타리가 1년 365일 유효한 경계라면 대다수 동물들은 새끼를 낳거나 기르는 시기에만 적극적으로 영역을 표시한다는 점이다. 가을이 되어 새끼들에게 자립할 능력이 생기면 영역 구분은 사라진다. 이 시기에 따로 떨어져서 다니는 개체들이 더 자주 목격되는 이유이기도 하다. 일 년 중 이 시기에는 새 모이 장치 주변의 덤불이나 나무에 앉아 쉬는 새들 사이에서 대체로 평화가 유지된다. 물론 식량이 부족하면 언제든 작은 실랑이가 벌어질 수 있다.

담비가 선호하는 영역 표시 방법은 영역권 안에 있는 사람들에게 지대한 영향을 끼칠 수 있다. 이 포유동물은 주변 지역에 자신의 지배권을 알리기 위해 항문샘에서 분비되는 액체를 뿌린다. 내가 사는 동네에서는 진입로에 주차된 자동차의 후드에도 이런 식으로 영역을 표시한다. 시동이 꺼진 뒤에도 온기가 남아 있는 자동차의 후드가 따뜻하고 건조한 숨을 곳을 제공하는 것이다. 이처럼 안락한 은신처가 또 있을까? 내가 알아낸 사실에 의하면 자동차를 매번 같은 장소에 주차하는 경우에는 더 이상 큰일이 일어나지 않는다. 아마도 새로운 입주자는 기껏해야 편안한 깔개를 끌어다 놓을 것이고, 자동차 주인은 이따금씩 담비가 저녁 식사로 먹고 남긴 죽은 쥐 조각들과 마주칠 뿐이다. 자동차를 운행하는 것은 담비의 이런 활동에 아무런 방해가 되지 않지만, 친구나 친척 집에서 밤을 보내면서 자동차를 그들의 집 앞에 주차해야 한다면 이야기는 완전히 달라진다. 그곳은 다른 담비의 영역이며 그의 영역에서 풍겨야 하는 유일한 냄새는 해당 담비의 것이어야 한다. 그런데 그런 곳에 자동차를 주차함으로써 다른 담비의 영역에 표식을 남길 만큼 대담한 경쟁자의 냄새를 풍기게 된 것이다. 외부의 침입으로 여겨질 수밖에 없는 이런 행위에 해당 지역의 담비는 분

노하고 즉시 공격적이고 물리적인 대응으로 침입자의 냄새를 지우려고 할 것이다. 특히 고무관이 이러한 공격의 주요 대상이 되며 격분한 동물은 때때로 범퍼를 발톱으로 할퀴면서 물려고 하기도 한다. 이 과정에서 핵심 부품이 망가진다면 엔진이 '자연재해'로 완전히 고장 날 수 있고 대개는 보험 처리도 되지 않는다.

혹시라도 자동차가 이런 식으로 손상을 입었다면 거의 대부분은 밤새 남의 집에 머문 것이 원인이다. 게다가 여기서 끝이 아니다. 예의 그 친구나 친척 집 주변에 사는 담비 또한 내 자동차에 자신의 냄새를 묻혀 우리 집 주변의 담비에게 유사한 분노를 유발할 것이기 때문이다. 유일한 해결책은 엔진을 물로 세척한 다음에 방어 조치를 취하는 것이다. 나는 온갖 방법을 다 써 보았다. 엔진룸에 개털을 채운 봉지나 걸이형 변기 세정제도 가득 넣어 보았고, 엔진룸 아래에 닭장용 철망도 설치해 보았으며, 엔진에 후추도 뿌려 보았다. 하지만 그중 어느 것도 담비를 오랫동안 막아 내지 못했다. 바로 이전 자동차까지 그런 식으로 망가지자 우리는 결국 엔진에 전기 장치를 설치하는 수밖에 없다고 생각했다. 담비가 평소에 후드로 들어가는 경로에 작은 철판들이 설치되었고 기술자가 전문적으로 전기선을 연결했다. 그러자 모든 상황이 진정되었다. 작은 철판들은 전기 울타리처럼 작동해서 담비가 철판을 건드리면 가벼운 충격을 주었

동물들

다. 그 뒤로 담비는 적대적인 지역을 피하고 대신에 자기 마음대로 정원의 나머지 지역을 사유화하는 데 집중했다.

정원에 사는 동물들 대부분은 그야말로 덩치가 매우 작고 차지하는 영역도 매우 좁다. 쥐나 곤충, 거미 같은 동물들과 그들이 차지한 작은 영역은 우리의 주의를 거의 끌지 못한다. 물론 그들이 정원의 식물들을 해치기 시작한다면 문제는 완전히 달라진다.

이로운 동물과 해로운 동물

하인츠 에르벤은 독일에서 친환경적인 정원 가꾸기를 개척한 인물이다. 젊은 시절에 나는 언덕 꼭대기에 자리한 채 라인강을 굽어보는 그의 정원을 방문한 적이 있다. 그의 저서 『나의 천국』에 이 정원이 자세히 묘사되어 있었기 때문이다. 괴짜 에르벤이 당시에 채택한 철저히 친환경적으로 정원을 가꾸는 방식은 혁명적이었고 나에게 지속적인 영향을 주었다. 향기로운 무성한 초목과 깔끔하게 다듬어진 딱총나무들, 짚을 가득 채운 화분들이 정원 여기저기에 거꾸로 매달려 있는 모습은 지금도 기억이 생생하다. 그 화분들은 집게벌레의 집이었고 에르벤은 집게벌레가 작물에 생기는 해충을 모두 없앤다고 주장했다. 크게 고무된 나는 집으로 돌아오자마자 급한 마음에 부모님 댁의 뜰 여기저기에 짚을 채운 화분을 매달아 놓았다.

포식자 까치

지난 어느 봄날이었다. 사무실 창문을 통해 내다본 정원에서 한바탕 격렬한 싸움이 벌어지고 있었다. 까치 한 마리가 오래된 자작나무에 있는 둥지에서 새끼 찌르레기 한 마리를 꺼내와 쪼아 죽이려는 중이었다. 보다 못한 아내가 밖으로 뛰어나가서 까치를 쫓아 버렸다. 작은 찌르레기는 머리에서 피가 흐르는 것 말고는 여전히 활기찼다. 나는 헛간에서 사다리를 가져와서 이 작은 새를 형제가 있는 둥지에 다시 넣어 주었고 얼마 뒤 부모로 보이는 찌르레기 한 쌍이 새끼 두 마리에게 줄 먹이를 가지고 돌아왔다.

우리가 한 일이 과연 옳았을까? 까치의 관점에서 보자면 전혀 그렇지 않다. 까치는 둥지에서 자신이 돌아오기를 기다리고 있을 배고픈 새끼들에게 줄 먹이를 발견했을 뿐이다. 그런데 우리 부부가 그들 가족에게서 이 육즙 가득한 한 입 거리 먹이를 강탈한 것이다. 게다가 새들이 보통 한 마리가 아니라 두 마리 이상의 새끼를 기르는 이유도 바로 이 때문이 아닌가?

박새나 딱새가 나비 애벌레를 그토록 무자비하게 잡아먹는 모습을 볼 때도 우리는 동정을 느낄까? 고양이나 올빼미가 어미 쥐를 잡아먹었을 때 우리는 이런 사실을 모른 채 헛되이 어미를 기다리는 새끼 쥐들에게도 동정을 느낄까?

나 역시 우리가 어린 새들에게 유별난 연민을 느낀다는 사실을 모르지 않는다. 하지만 나는 또다시 비슷한 상황에 놓이게 된다면 단언컨대 똑같이 개입할 것이다. 물론 이런 식의 개입은 옳지 않다. 까치는 자신의 본능에 따라 먹이를 구하거나 새끼를 부양하려는 것뿐인데, 우리는 마치 까치가 몹쓸 짓이라도 한 것처럼 대하니 말이다.

우리 주변에 까치의 개체 수가 급증한 것이 그들의 잘못은 아니다. 그것은 단지 우리 인간이 저지른 잘못을 강하게 드러낼 뿐이다. 진정한 까치 천국을 만들 정도로 우리의 행동이 생태계에 지대한 변화를 초래했다는 뜻이기 때문이다.

게다가 까치에게는 악명까지 따라다닌다. 우리는 자주 이 영리한 동물의 아름다움을 간과한다. 까치가 멸종 위기에 처했다고 잠깐 상상해 보라. 어쩌다 드물게 한 번씩 이 새를 보게 된다면, 우리는 아마도 이 새가 가진 굉장히 매력적인 무늬에 열광하게 되지 않을까?

이제는 나도 당시에 나의 열정이 약간 지나쳤음을 안다. 집게벌레가 실제로 진딧물을 먹기는 하지만 이파리에 구멍을 숭숭 뚫어 놓는 것을 무척이나 좋아하는 그들도 나름대로 채소 식물에 많은 해를 끼치기 때문이다. 흔히 동물의 왕국을 이로운 동물과 해로운 동물로 나누는 방식은 자연에 그처럼 명백하게 정의되는 부류가 존재하는 것처럼 암시한다.

자연 수업

하지만 자연은 그렇게 단순하지 않다. 우리 동업자 생물들은 하나의 종으로서 인간이 가진 목표에 아무런 관심이 없다. 우리가 적극적으로 특정한 종의 활동을 억제하려고 할 때 살아 있는 세계의 공동 작용에 대한 우리의 이해가 얼마나 부족한지는 더욱 분명해진다. 단적인 예가 20세기 초 호주에 수수두꺼비가 처음 도입되었을 때 벌어진 일이다. 수수두꺼비는 사탕수수 농장에서 해충을 억제하기 위한 목적으로 배치되었다. 그들에게 맡겨진 역할은 사탕수수의 달콤한 줄기를 파괴하던 딱정벌레를 잡아먹는 것이었다. 하지만 두꺼비들은 현장에 배치되자마자 자신들에게 부여된 임무를 거부했고 대신 토종 야생동물에게 해를 끼치기 시작했다. 두꺼비의 분비선에서 분비되는 액체는 호주 왕도마뱀이나 뱀처럼 양서류를 먹는 동물들에게 치명적인 독성을 지녔다. 당연히 호주 왕도마뱀이나 뱀은 이런 사실을 알 리가 없었다. 결국 수수두꺼비는 호주의 북동쪽에 위치한 사탕수수 농장에서 시작해서 서쪽으로 계속 이동하면서 심각하게 토종 생물의 숫자를 격감시켰고 아직도 그 끝이 보이지 않을 정도다.

　　해로운 동물을 직접적으로 제거할 목적으로 현대의 유전 공학적인 방법이 이용되기도 한다. 이를테면 실험실 동물에게 특정 질병에 저항력을 지닌 유전자를 주입한 다음 방생해서 야생에서 살아가는 짝을 만나게 하는 것이다. 우리는 제발 이런 방법이 관행으로 정착되지 않기만을 바랄 뿐이다. 모든 동물은 먹이 사슬의 일부이고, 이 먹이 사슬은 중간에 단 하나의 구성원만 제거되어도 전체가 붕괴할 수 있기 때문이다. 우리가 골칫거리로 생각하는 진딧물도 예외가 아니다. 진딧물이 배출하는 달콤한 분비물은 개미와 벌을 비롯해서 수많은 곤충에게 영양분을 제공한다.

동물을 선과 악으로, 즉 이로운 유기체와 해로운 동물로 범주화하는 것은 지나친 단순화일 뿐 아니라 자연에 존재하는 복잡한 관계를 고려하지 못한 행동이다. 탐탁지 않은 종을 억제하려 들기보다는 정원에 생태학적인 균형을 강화하는 편이 훨씬 합리적이다. 화단이나 관목, 죽은 나뭇가지 더미, 나무 등이 제공하는 적합한 환경은 생물 다양성이 극대화될 수 있는 원천이며 이런 생물 다양성이 가득한 곳에서는 어떤 종도 감히 제멋대로 굴지 못할 것이다.

그렇기에 우리는 달갑지 않은 종이 완전히 사라지지 않도록 각별히 조심해야 한다. 하지만 그들이 불편을 초래한다면 적어도 그들의 행동을 저지할 수는 있지 않을까? 앞으로 보게 되겠지만 이 또한 말처럼 쉽지 않다.

포식자와 피식자

정원이 이로운 동물들을 불러오도록 설계되어 있다면 논리적으로 따졌을 때 채소밭에 우글거리는 해충의 숫자는 줄어들 것이다. 우리가 불러들이려는 대상이 민달팽이를 사냥하는 고슴도치든, 진딧물을 아작아작 씹어 먹는 무당벌레든, 혹은 애벌레를 게걸스럽게 먹어 치우는 박새든 그들에게 쾌적한 생활 공간을 제공하기만 한다면 해충 문제는 해결될 것이다. 나는 젊을 때부터 이런 식의 사고에 익숙했는데 이 역시 하인츠 에르벤 덕분이다.

하지만 현실에서 포식자와 피식자의 관계는 이보다 더 복잡할뿐더러 우리가 바라는 효과하고는 거의 아무런 관련이 없다. 포식자와 피식자의 관계는 캐나다에서 말코손바닥사슴과 늑대 간의 상호 작용을 조사한 한 연구에서 가장 잘 입증되었다. 물론 정원에서 이처럼 덩치가 큰 포유동물을 발견할 일은 절대로 없겠지만 모든 포식자와 피식자의 관계에는 동일한 원리가 적용된다.

미국과 캐나다의 국경이 지나는 오대호 지역에는 말코손바닥사슴이 사는 섬이 하나 있다. 삼림 감독관들로서는 매우 실망스럽게도 이 사슴들은 어린나무까지 포함해서 거의 아무것도 남기지 않고 전부 먹어 치웠다. 그리고 어느 겨울에 혹독한 추위로 호수 얼음이 상당히 멀리까지 얼어붙자 한 무리의 늑대가 이 섬에 들어왔다. 사슴들을 발견한 늑대들은 순식간에 그들을 해치웠다. 고기 공급원이 이처럼 풍부해지자 잿빛 사냥꾼들의 숫자는 급격히 증가했고 그들의 수가 늘어나는 만큼 말코손바닥사슴은 점점 더 달아나기가 어려워졌다. 이 초식 동물의 개체 수는 감소했고 숲은 다시 울창해졌다. 그리고 이런 결과는 늑대의 개체 수와 완전한 대조를 보였다. 즉 늑대 숫자가 빠르게 감소하고 있었다. 마지막까지 남아 있던 말코손바닥사슴을 사냥하는 일은 어느 때보다 힘들어졌고 많은 늑대가 굶어 죽었다. 결과적으로 어린나무들을 또다시 먹어치우며 말코손바닥사슴의 개체 수는 회복되었고 몇 년 뒤에는 다시 늑대의 개체 수도 증가했다. 이 대결은 말코손바닥사슴의 개체 수가 일정한 저점에 도달해서 늑대들이 굶어 죽을 때까지 계속 반복되었다.

중요한 것은 포식자와 피식자의 개체 수가 서로에게 영향을 주고받으며 고점과 저점을 반복해서 오가는 개체 수 곡선에서 포식자와 피식자의 고점에 도달하는 시기가 서로 다르다는 사실이다. 각각의 주기는 먹잇감이 급증하는 시기와 맞물려서 시작되고 먹이 공급이 증가하면 포식자의 개체 수도 급증하면서 앞선 사례에서 본 것처럼 둘 사이의 대립적인 기복이 형성된다.

이론은 여기까지면 충분하다. 그렇다면 이런 이야기가 정원과 무슨 관련이 있을까? 정원에서는 진딧물을 비롯한 민달팽이와 애벌레가 피식자이고 무당벌레나 고슴도치, 박새가 포식자다. 그리고 이런 이로운 동물들 즉 무당벌레와 고슴도치와 박새의 개체 수가 늘어나려면 잡아먹을 수 있는 해충의 숫자도 엄청나게 많아야 한다. 안 그러면 그들의 새끼가 먹을 것이 아무것도 없을 것이기 때문이다. 정원은 이런 순환 과정을 관찰하기에 좋은 장소다. 예를 들면 이런 식이다. 제일 먼저 진딧물과 애벌레가 대대적인 습격을 가해오면서 채소밭과 화단을 휩쓴다. 그 와중에 여름이 오고 마침내 무당벌레가 등장한다. 뒤이어 나타난 박새는 (아울러 풍부한 먹잇감의 또 다른 수혜자들도) 예년처럼 새끼를 두 마리만 낳아 키우는 대신 세 마리를 낳아 키우고 그렇게 가을이 되면 개체 수가 평소보다 훨씬 많아진다. 하지만 이런 일련의 과정은 우리에게 이로운 동물의 개체 수가 우리 정원에 도움을 주기에는 언제나 너무 늦은 시기에 최고점에 도달한다는 사실을 의미한다. 다시 말하면 소위 유익한 동물들의 개체 수는 우리 주변에 진딧물이 얼마나 우글거리는지를 암시할 뿐이다.

일례로 2009년에 발트해 연안에서 엄청나게 많은 무당벌레가 떼를 지어 출몰한 적이 있다. 해변에 누워 일광욕을 즐기면서 휴가를 보내던 행락객들은 성가신 벌레들에게 시달리다 결국 해변에서 도망쳐 나와야 했다.

그래도 박새나 고슴도치를 비롯한 이로운 동물들에게 정원에 거처를 제공하는 것은 여전히 많은 경우에 도움이 된다. 다만 경작을 위해 말끔히 정리된 땅에서는 그들이 종종 적절한 소생활권을 발견하지 못할 수 있다. 비록 먹이는 풍부할지 몰라도 자연의 균형이 깨진 상태이기 때문이다.

이런 경우에는 정원 이곳저곳에 둥지 상자와 장작더미를 놓아두면 해결책이 될 수 있다. 하지만 이렇게 했는데도 끝내 손님이 들지 않는다면 다수의 조력자가 모여 살기에는 우리 화단에 해충이 너무 적은 것이 분명하다는 사실을 위안으로 삼으면 된다.

개체 수 폭발

모든 종은 번식을 위해 많은 먹이가 필요하다. 먹이가 많아야 더 많은 새끼를 낳을 수 있고 더 많은 개체가 생존할 수 있기 때문이다.

정원과 정원 주변 지역의 식물 사정이 매년 비슷하다고 가정하면, 이론적으로는 해충의 개체 수도 비교적 일정하게 유지되어야 한다. 하지만 진딧물과 나비, 들쥐 등의 개체 수는 자연적인 균형이 깨질 만큼 정기적으로 급증하는 양상을 보이는데, 여기에는 여러 가지 이유가 있다.

첫 번째 이유는 겨울과 봄의 온화한 날씨다. 인간만이 아니라 많은 동물이 건조하고 따뜻한 날씨를 좋아한다. 건강하고 좋은 기분을 느끼기에 가장 좋은 상태이기 때문이다. 두 번째 이유는 풍부한 먹이다. 앞서 언급했듯이 풍부한 먹이는 다산을 의미한다. 마지막 세 번째 이유는 병원균의 부재다. 동물의 개체 수는 겨울의 영하 날씨가 지난 직후인 봄에 언제나 최저점을 기록한다. 많은 동물이 아사나 동사하거나 포식자의 먹이가 되었기 때문이다. 일반적으로 겨울에는 새끼가 태어나지 않으므로 이 단계에서 발생하는 손실은 보충되지 않는다. 여기에 더해서 많은 종이 겨울에 동면하거나 아직 알이나 애벌레 상태에 머무른다. 질병은 동물들이 돌아다니고 같은 종의 다른 구성원들과 접촉할 때만 퍼질 수 있다. 하지만 봄이 시작되는 시기에는 이동하거나 접촉하는 일이 극히 적고, 그 덕분에 다음 세대가 질병에 노출될 위험은 줄어든다.

겨울이 지나면 각각의 종은 개체 수를 최대한 빠르게 회복함으로써 예전의 세력을 되찾고자 하며 여기에 필요한 다양한 전략을 지니고 있다.

예를 들어 진딧물은 봄에 무성 생식을 하는데 암컷 진딧물은 새끼를 낳기 위해서 굳이 수정을 거칠 필요가 없다. 이성 개체와의 로맨스에 힘을 낭비하는 것보다 훨씬 효율적인 해법이다. 진딧물 암컷은 주변에 이용 가능한 먹이의 양을 고려해서 하루에 최대 여섯 개까지 알을 낳을 수 있다. 즙이 많은 채소와 장미 잎이 공급되는 한 진딧물의 개체 수는 기하급수로 계속 늘어날 수 있다.

나비 애벌레의 경우에는 이전 해 가을이 매우 중요하다. 암컷 나비가 숙주 식물에 충분히 많은 알을 낳을 수 있었다면 봄에는 애벌레 군단이 등장할 것이다. 식물을 아작아작 씹어 먹는 이 작은 생물들은 온화하고 건조한 날씨가 유

동물들

지되어야만 완전히 성장하는데 혹시라도 그런 상황이 된다면 정원의 작은 식물이나 관목과 나무는 완전히 파괴되어 잎사귀 하나도 남지 않을 것이다.

들쥐는 끊임없이 나를 놀라게 하는 동물이다. 눈 덮인 계절이 지나고 해빙기가 되면, 추운 날씨에 굴하지 않고 들쥐들이 풀 밑으로 땅굴을 파서 뿌리를 야금야금 먹어 치운 현장을 발견하게 된다. 눈이 녹으면서 들쥐가 파 놓은 땅굴에서는 이 작은 설치류가 얼어 죽지 않은 것이 믿기지 않을 정도로 세차게 물이 솟아오른다.

정원에서 가장 보편적으로 발견되는 들쥐는 공통들쥐다. 극히 드문 유럽물밭쥐와 가까운 친척인 공통들쥐도 녹색 식물을 먹이로 매우 좋아한다. 공통들쥐는 일 년 내내 번식을 하고 임신 기간도 겨우 4주에 불과하기 때문에 커다란 영향력을 갖는다. 2주 만에 성적으로 성숙해지는 어린 들쥐는 4주마다 자신의 새끼를 낳기 시작한다. 어린 들쥐가 모유를 충분히 공급받을 수 있도록 어미 들쥐들이 교대로 젖을 먹이는 까닭에 들쥐 무리는 무자비한 속도로 개체 수를 늘린다. 모든 여건이 좋은 해를 기준으로 정원에는 10제곱미터의 면적당 최대 두 마리의 들쥐가 있을 수 있다(뒤뜰에서 지금 몇 마리의 들쥐가 땅을 파고 있을지는 직접 계산해 보면 된다).

들쥐의 개체 수가 최고조에 이르는 '들쥐의 해'는 평균적으로 삼 년에 한 번씩 찾아오지만, 진딧물의 경우와 마찬가지로 성공의 열쇠는 우호적인 날씨에 더한 풍부한 먹잇감이다.

진딧물이나 애벌레, 들쥐의 개체 수 폭발이 있고 난 다음에는 으레 수많은 절규와 이를 가는 소리가 뒤따른다. 정원을 가꾸는 사람만 얘기하는 게 아니다. 여름이 끝날 즈음이면 포식자들이 예전 개체 수를 회복하면서 이들 불청객은 마침내 그들의 진정한 적수와 만나게 된다. 포식자의 개체 수 증가도 작은 기여를 하기는 하지만 이들 불청객의 개체 수가 급감하는 진짜 이유는 오직 현미경을 통해서만 확인된다. 원인은 바로 애벌레와 진딧물의 '집합 도시'를 휩쓰는 병원균이다. 곤충 대도시에서 개개의 곤충은 매우 근접한 채 살아가기 때문에 바이러스나 박테리아가 한 개체에서 다른 개체로 자연스럽게 옮겨 다니면서 단시간에 모든 개체를 감염시킨다. 결국 개체 수가 급감하고 더 이상 질병이 전염되지 못할 정도로 적은 수만 남기에 이른다. 해충의 전형적인 증감 주기에서 일 년을 단위로 개체 수가 급증했다가 급감하는 이유는 바로 여기에 있다.

식물을 갉아 먹는 이 인기 없는 동물들의 몰락을 가속하는 요인은 또 있다. 먹이 부족은 애벌레에게 특히 심각한 타격을 주는 요인이다. 만약 녹색참나무나방의 애벌레가 번데기로 변하기 전에 주변의 모든 나뭇잎을 먹어 치웠다면 (벌레의 습격은 실제로 떡갈나무 잎을 전부 먹어 없앨 수 있다) 말 그

동물들

대로 볼 장을 다 본 셈이다. 장차 나방으로 거듭나기 위한 번데기로 아직 변태하지 못한 상태에서 그들의 운은 끝난 것이나 다름없으며 다시 부식토로 돌아가는 수밖에 없다.

이 시기는 많은 배고픈 포식자들이 모습을 드러내는 때이기도 하다. 여름 내내 풍부한 먹이가 제공되는 덕분에 무당벌레나 박새, 매 또한 번성할 기회를 얻었을 것이다. 그들의 번식으로 먹이가 더욱 감소하면서 정원에 돌연 평화가 찾아온다. 하지만 그 이면을 들여다보면 잠시 미뤄졌을 뿐이지 포식자들도 궁극적으로는 자신들의 먹이와 같은 운명에 직면할 것이다. 즉 포식자의 개체 수 또한 급격한 감소를 겪을 것이다. 많은 동물 새끼들이 굶어 죽거나 다른 곳으로 이동하면서 우리가 정원에 도움이 된다고 생각하는 동물의 개체 수는 다시 정체기로 접어든 채 적은 수준을 유지할 것이다.

이런 개체 수 변동을 막아 내기란 거의 불가능에 가깝다. 우리가 어떤 조치를 취하든 간에 해당 조치가 효과를 낼 즈음이면 한번 늘어났던 개체 수가 이미 자연적으로 줄어 있을 것이기 때문이다. 벌레들이 우글거리는 상황은 대체로 6월이면 끝난다. 즉 박새나 다른 새들에게 도움이 될 만큼 오래 지속되지 않는다. 벌레가 달라붙은 식물을 하나하나 뽑아내거나 물로 씻어 줄 수도 있지만 모든 식물을 그런 식으로 보호하기란 불가능하다. 들쥐도 인위적으로 막을 수 없는 존재임이 증명된 이상 내가 이 시점에서 줄 수 있는 유일한 조언은 인내심을 가지라는 것이다. 앞서 여러 장에서 살펴보았듯이 우리 정원이 생물 다양성을 갖출수록 더 많은 포식자가 우리 정원에서 제공되는 먹이를 노리면서 주변을 서성거리게 될 것이다.

나는 초음파 들쥐 퇴치기에 대해서도 몇 마디 하고 싶다. 초음파 들쥐 퇴치기는 절대로 피해야 할 물건이다. 별 효과도 없으면서 음향 공해를 유발해 다른 동물들에게 심각한 악영향을 끼치기 때문이다. 인간에게는 이 장치에서 방출되는 끊임없는 소음이 들리지 않지만 박쥐를 포함한 많은 동물들에게 이 소음은 혼란을 일으킨다. 더욱이 박쥐가 겨울 나방 같은 곤충을 잡아먹는다는 점에서 여러분은 분명히 이 밤 사냥꾼을 떠나보내고 싶지 않을 것이다.

겨울의 새

지난가을에 나는 항상 금기로 여겨 오던 일을 했다. 새 모이통을 뚝딱뚝딱 만들어서 정원에 설치한 것이다. 20년 동안은 여러 가지 타당한 이유로 이런 행위에 단호하게 반대해 온 터였다. 새 모이통을 설치하는 문제와 관련해서 내가 입장을 바꾼 이유를 보다 잘 설명하기 위해 지금부터 나의 이전 신념과 최근에 선회한 보다 균형 잡힌 찬성론을 비교할 참이다.

새 모이통을 설치하는 것에 반대하는 나의 첫 번째 이유는 진화였다. 모든 종은 자연 세계에서 자신의 지위를 유지하기 위해 끊임없는 경쟁에 직면한다. 이 경쟁은 동물들이 새로운 환경에 적응하고 적합한 유전자를 유지하는 문제와 관련된다. 겨울과 함께 오는 추위와 극적인 식량 부족은 자연 선택의 과정에서 매우 중요하다. 최고만 살아남아서 봄에 새끼를 낳을 수 있는 것이다. 하지만 겨울에 새에게 모이를 주는 식의 개입은 인간이 자연에게서 통제력을 빼앗는 결과를 초래한다. 모이로 주는 귀리 플레이크나 팻볼, 해바라기 씨를 건강한 새들만 먹는 것이 아니기 때문이다. 즉 약하고 노쇠한 새들도 먹는다. 이런 새들은 그들의 운명에 맡겨 두는 것이 더 친절한 행동이 아닐까?

반면에 우리의 정원과 현대적인 풍경은 더는 과거의 자연 세계와 공통점이 그다지 많지 않다. 광활하게 펼쳐진 땅에 이삭이 흩어져 있던 곳이나 죽은 나뭇가지들이 나뒹굴며 셀 수 없이 많은 곤충 애벌레에게 거처를 제공하던 곳이 이제는 대부분 잘 정돈되고 황량한 지대로 바뀌었다. 만약 우리의 행동이, 즉 정리된 상태를 추구하는 우리의 욕구가 새들을 굶주리게 했다면 우리가 개입해서 그들에게 모이를 주는 것이 도리에 맞지 않을까? 그래도 이유가 충분하지 못하다면 우리의 오랜 친구인 동정심은 어떤가? 자연을 구하려는 시도는 생태학적인 관점에서 약간 꺼림칙하게 보일 수 있는 행동이다. 하지만 새들에게는 먹이가 생사의 문제이며 그들에게 모이를 주는 행동은 나와 내 가족이 이 연약한 생물에게 공감을 표현하는 좋은 방법이라는 사실에는 여전히 변함이 없다.

새 모이를 주는 것에 반대하는 또 다른 근거는 개체 수 역학이다. 앞에서 보았듯이 매년 새로 태어나는 어린 동물 중 최대 80퍼센트가 이듬해 여름까지 생존하지 못하는 것은 지극히 정상적인 현상이다. 새들도 이런 잠재적인 손실에 대비하기 위해 일반적으로 일 년에 두세 마리의 새끼를 낳아 기른다. 그런데 새에게 모이를 주는 경우에는 많은 어린 새들이 겨울을 무사히 나도록 도움으로써 봄이 되어 개체 수가 부쩍 늘어난 새들을 상대적으로 비좁아진 번식 영역 안으로 욱여넣는 결과로 이어질 것이다. 새 모이를 주는 행위는 종의 구성이 왜곡되는 결과를 낳기도 한다. 팻볼과 혼합 새 모이는 사실상 극소수의 날짐승에게만 혜택을 준다. 그 결과 이 종들은 보다 널리 퍼지게 되고 종종 다른 종들이 피해를 입는다.

선뜻 반박하기 어려운 주장이다. 하지만 이 같은 주장에 얼마나 무게를 두어야 할지도 미지수다. 야생 조류에게 모이를 주는 행위가 끼치는 영향을 연구한 자료가 거의 없기 때문이다. 사실을 말하자면 이렇다. 경작지에서 종 구성은 오랜 시간에 걸쳐 인위적으로 왜곡되어 왔다. 수백 년 전

동물들

숲이 경작지로 바뀌면서 숲에서 살던 새들의 서식 환경이 목초지로 바뀌는 커다란 변화가 있었다. 정원을 찾는 방문객에게 모이를 주는 현대의 관행이 이와 같은 전개를 촉진하는지 아닌지는 단정해서 말하기가 어렵다. 정원의 새 모이통 앞에 참새처럼 인간과 더불어 사는 종만 모습을 보이는 것이 아니기 때문이다. 딱따구리 같은 숲에 사는 새들도 나타난다. 인간의 모이를 주는 행동 때문에 확실히 손해를 보는 새들도 있는데 바로 철새들이다. 철새들이 남쪽에서 할 일 없이 빈둥거리는 동안 그들이 떠나 온 북쪽에서는 평균치를 상회하는 수의 어린 텃새들이 겨울을 버티어 낸다. 그러고는 철새들이 북쪽으로 돌아오기 위한 대대적인 이동을 시작하기도 전에 대부분의 주인 없는 땅을 선점한다. 지친 여행자들이 돌아왔을 때는 먹이와 둥지 영역을 둘러싼 경쟁이 떠나기 전보다 오히려 더 심해진 상황에 직면한다. 둥지 상자를 매달아 주면 그들의 주거 문제가 해결될 거라는 생각이 들겠지만 바로 뒤에서 보게 될 것처럼 이 또한 다른 문제를 유발한다.

겨울에 새 모이를 주면 장점이 하나 있다. 동물보다는 우리 인간이 누리는 혜택이다. 평소에는 부끄러움을 많이 타서 좀처럼 모습을 드러내지 않는 종들을 볼 기회를 얻는 것이다. 지난가을 새 모이판을 두는 것에 반대하던 기존 입장을 버렸을 때 나는 매우 놀라운 경험을 했다. 새 모이를 밖에 내놓기 시작하고 얼마 되지 않았을 때 오색딱따구리가 모습을 드러낸 것이다. 오래되고 훼손되지 않은 숲이 존재한다는 표시였다. 바로 내 눈앞에 그들이 나타났다는 것은 내가 지난 15년 동안 실행해 온 생태적인 숲 관리 방식이 마침내 야생에서 반향을 일으키고 있다는 명백한 증거였다. 만약 모이를 내놓지 않았더라면 나는 이 희귀 동물이 내가 관리하는 숲에 터전을 마련했다는 사실을 전혀 알아차리지 못했을 가능성이 아주 크다.

내가 내린 결론은 겨울에 새 모이를 주는 것이 부정적인 효과보다 긍정적인 효과가 더 많다는 것이다. 이를테면 새를 관찰하는 즐거움을 누릴 수 있고, 주변 지역에 어떤 종의 새들이 살고 있는지 알 수 있으며, 과도하게 경작된 환경에서 먹을 것이 없는 새들의 생존을 도울 수 있다. 나는 텃새나 철새 중 어느 한쪽이 경쟁에서 유리해지는 왜곡된 상황을 만들지 않기 위해서 봄이 오면 모이를 내놓는 일을 중단한다. 또한 쓰러진 나무를 그냥 내버려 둔 채 곤충에게는 피난처가 되고 딱따구리에게는 식량 공급원이 되게 함으로써 새들에게 자연이 공급하는 먹이를 제공하려고 노력한다. 우리가 새로 심은 장미는 영양가 높은 장미 열매를 생산하는 오래된 개량 품종이다.

동물들

둥지 상자

현재 정원을 가꾸고 있고 자연을 사랑하는 사람이라면 아마도 어느 시점에 이르면 둥지 상자를 달지 말지를 고민하게 될 것이다. 우리 정원에는 박새 둥지 상자가 있는데 동고비도 정기적으로 이 상자에서 새끼를 기른다. 내가 이 다음에 무슨 말을 할지는 여러분도 짐작할 것이다. 그렇다. 둥지 상자는 새 모이통과 똑같은 문제를 일으킨다. 둥지 상자를 매달아 두는 것은 어린 새가 자라는 과정을 관찰하는 훌륭한 방법이 될 수 있으므로 단지 이런 즐거움을 위해서라면 과감히 시도해 보라. 실제로 자리를 잘 선정한다면 둥지 상자를 설치하는 것은 새들이 오가는 모습을 볼 수 있는 완벽한 방법이다. 게다가 나 자신을 위한 목적인 한에서 이런 행동은 아무런 잘못이 없다. 즉 자연 감상은 그 자체로 언제나 타당한 이유이다. 반면에 둥지 상자를 설치하려는 주된 이유가 새들을 돕기 위해서라면 아마도 다른 각도에서 상황을 고려해 볼 필요가 있다.

우선 생물 다양성의 문제가 있다. 일반적으로 원예점에서 팔거나 우편으로 주문하는 둥지 상자는 특정한 종만 유인할 수 있다. 출입구로 사용될 구멍의 지름과 상자의 크기가 이 조립식 주택에 몸을 집어넣을 수 있는 종을 결정한다. 정원 주인은 상자 안에서 자랄 새끼의 수에 맞추어서 상품의 크기를 가늠해야 하며 보금자리에 대한 수요가 많을수록 둥지 상자가 성공할 가능성은 증가한다. 어쨌거나 멸종 위기에 처한 새 한 마리를 기다리면서 쓸쓸히 버려진 채로 매년 비어 있을 거라면 누가 둥지 상자를 사려고 하겠는가? 둥지 상자가 효과를 발휘하지 못하는 것처럼 보이면 으레 상자의 구조에 의문을 품고 제품에 문제가 있다고 여기기 마련이다. 따라서 항상 고객의 만족을 최우선으로 생각하는 원예점에서는 대개 우리의 날짐승 친구들 가운데 가장 흔한 종에 적합한 둥지 상자를 제안한다. 그렇다고 내 말을 오해하지는 말아야 한다. 박새나 동고비, 제비, 굴뚝새가 멋진 새들임은 분명하지만 엄밀히 말해서 드물지는 않다는 의미다. 이런 새들에게 최적화된 보금자리를 제공함으로써 우리는 가뜩이나 늘어나는 추세인 그들의 개체 수를 늘리는 데 기여하게 된다. 여기에 더해서 특정한 종을 지원함으로써 일반적으로 각기 다른 몇몇 종들이 생태적으로 적합한 장소를 이미 다 차지한 상황에서 정원을 추가로 분할하는 셈이 되므로 정원의 자연적인 균형을 깨뜨리게 된다. 혹시라도 박새나 동고비 수천 마리가 이 인위적인 둥지를 거주지로 삼는다면 그들은 지나치게 많은 새끼를 낳을 것이고 얼마 뒤에는 어린 박새나 동고비가 곤충을 찾아 우리 정원을 헤집고 다닐 것이다.

이런 단점에도 불구하고 둥지 상자를 설치하면 장점도 많다. 둥지 상자를 매개로 우리는 자연에서 일정한 역할을 담당할 수 있고, 자연과 교류할 수 있으며, 자연환경에 지속적인 관심을 유지할 수 있다. 새를 관찰할 수 있는 이런 기회를 놓치고 싶지 않지만 아울러 자연의 균형을 무너뜨리는 일도 최대한 피하고 싶다면 다음과 같은 방법을 취할 수 있다.

일단 여름에 어떤 종류의 새가 우리 정원을 찾는지 주목한다. 대부분의 경우에 방문객은 이런저런 박새와 되새 류일 것이다. 성공 가능성을 최대한으로 높이려면 새들에게 출입구의 구멍 지름이 32밀리미터인 박새 상자를 제공한다. 새들은 둥지 상자의 크기가 아니라 바로 이 구멍의 크기를 보고 살 곳을 정한다. 정원에 아무리 참새가 돌아다녀도 그들은 출입구의 구멍이 최소한 36밀리미터는 되어야 그 안으로 들어갈 수 있다.

보다 일반적인 둥지 상자를 설치하는 것도 희귀한 종들에게 기회가 주어진다는 점에서 나름의 가치가 있다. 그 희귀종이 어떤 새가 될지는 전적으로 우리가 거주하는 지역에 달려 있다. 둥지 상자는 모두 하나의 공통점을 갖는다. 나무 몸통에 난 구멍을 모방한다는 사실이다. 박새와 동고비 말고도 몇몇 종들이 나무의 몸통 안이나 가지 위에서 살아가는데 여기에는 나무발바리와 같은 소형 조류뿐 아니라 딱따구리와 들비둘기, 올빼미 심지어 기러기 같은 보다 큰 새들도 포함된다.

자연 수업

자연에서 속이 빈 나무들은 작은 숲이나 과수원에서 가장 흔히 발견되며, 인공적인 나무 구멍 즉 둥지 상자의 성공 여부는 우리가 거주하는 지역이 결정적인 영향을 미친다. 만약 우리 정원과 이웃 정원에 나무가 많거나, 주거지 근처에 나무가 많은 공원이 있거나, 사유지가 숲 언저리에 걸쳐 있다면 우리는 어쩌면 딱따구리를 비롯한 숲에 사는 새들의 방문을 받을 수도 있다. 더욱 희귀한 이런 새들에게 새끼를 키울 장소를 제공해 보는 것은 어떨까? 하지만 덩치가 큰 종에게 둥지 상자를 하나 이상 제공하는 것은 아무런 의미가 없다. 그들은 광범위한 영역을 소유하기 때문에 우리 정원에 수용할 수 있는 숫자는 함께 새끼를 키우는 한 쌍의 부부가 고작이다. 둥지 상자가 일반적인 크기보다 한 치수 작다면 딱새의 상자로 완벽하다. 붉은꼬리딱새는 심각한 멸종 위기에 처한 종이지만 나무가 우거진 작은 정원에 보금자리를 마련하는 것을 매우 좋아한다.

반대로 집 주변에 나무가 별로 없다면 제비나 집참새처럼 주로 목초지에서 살아가는 새에게 더 인기 있는 둥지 상자를 선택하는 편이 낫다.

달갑지 않은 무단 거주자

어떤 종은 인간이 사용하려고 마련한 집에 자신의 보금자리를 꾸리는 것을 가장 좋아한다. 인간이 보기에는 철면피

동물들

라고 불릴 만한 행동이지만 우리 동물 동거인들에게는 매우 평범한 일상이다. 애당초 그들은 자연계와 인간이 구축한 세계를 구분하지 않기 때문이다. 동물들은 인간의 집을 유달리 대칭적인 암벽 정도로 여기는데 이 암벽에는 둥지를 만들기에 완벽한 구석과 틈이 가득하다. 그뿐만이 아니다. 암벽 표면에 뚫린 구멍들은 이해할 수는 없지만 열을 공급하는 특징이 있어서 다른 보금자리 후보지들보다 더 건조하고 더 따뜻하게 지낼 수 있다. 이보다 아늑한 장소가 어디 있겠는가? 일부 동물들이 본능적으로 이런 곳에 끌리는 것은 당연하다.

　다락만 들락거린다는 전제로 어떤 세입자들은 견딜 만하다. 종에 따라서 어떤 박쥐들은 궂은 날씨를 피해 여름을 다락에서 보내면서 새끼를 기르기를 좋아한다. 물론 단점이 하나 있다. 박쥐가 마구잡이로 똥을 싸 놓는 바람에 다락의 바닥은 말할 것도 없고 다락에 보관해 둔 물건들이 죄다 더러워질 수 있다. 그렇더라도 물건들은 비닐 덮개로 싸서 쉽게 보호할 수 있고, 그 대가로 우리는 박쥐들이 저녁에 보금자리를 나서는 모습을 볼 수 있는 특권을 누릴 수 있다.

　다른 포유동물의 방문은 즐거움이 훨씬 덜할 수 있다. 작은 쥐나 겨울잠쥐 또는 담비의 후다닥거리는 발소리는 수시로 밤잠을 설치게 한다. 이런 경우에 생포용 덫은 이 불청객들을 다른 집으로 (되도록 숲 가장자리로!) 이주하게 만들 수

　　　　　　　　자연 수업

있는 유일한 물건이다. 그리고 불청객들이 떠나자마자 새로운 기회주의자들이 다락을 점거하는 일이 발생하지 않도록 확실히 해 두기 위해서는 애초에 동물들이 어떻게 집 안으로 들어왔는지 조사해야 한다. 우리 집의 경우에는 지붕까지 뻗어 올라간 담쟁이덩굴이 범인이었다. 숲쥐들은 간단히 이 덩굴을 타고 올라가서 서까래와 다락으로 들어갔을 것이다. 결국, 나는 담쟁이덩굴을 걷어 냄으로써 문제의 싹을 없앨 수 있었다.

한편 담비는 주로 통풍구를 이용해서 집 안으로 들어온다. 하지만 최근에 내 친구 중 한 명이 그랬던 것처럼 집에 나 있는 통풍구를 단열용 발포제로 막는 방법은 아예 생각하지도 않는 편이 낫다. 그러면 집에 더 이상 환기가 되지 않을뿐더러 담비는 이 대수롭지 않은 장애물을 날카로운 발톱으로 순식간에 찢어 버릴 수 있기 때문이다. 단열용 발포제 대신 닭장용 철망으로 구멍을 막거나 통풍구 표면에 철망을 씌워서 못으로 고정하면 환기에 지장을 초래하지 않으면서도 충분한 효과를 얻을 수 있다.

하지만 우리의 '인공 암벽'은 바람직한 보금자리로서 그 명성만큼 동면에 적합한 장소는 아니다. 여느 천연 동굴과 마찬가지로 서리를 막아 줄 수는 있다. 하지만 주변 온도가 너무 따뜻하다. 여름처럼 따뜻한 환경이 혈액 순환과 신진대사를 촉진하면서 동면 중이던 동물은 비축한 지방을 금방 소진한 채 굶어 죽을 위기에 처한다. 그러니 혹시라도 겨울에 집 안에서 길 잃은 무당벌레나 칠성풀잠자리를 발견한다면 얼른 밖으로 내보내는 것이 좋다.

동물 침입자

우리 정원에는 두 그루의 사과나무가 있다. 20년 전에 처음 산림감독관 관사로 이사했을 때 부모님께서 선물한 것이다. 두 나무는 내가 밑동 주변에 퇴비를 끼얹어 주기 시작한 5년 전까지 황폐한 토양에서 악전고투해 왔다. 다행히 나무들은 퇴비를 잘 받아들였고 무럭무럭 자라 마침내 지난봄에 처음으로 꽃이 만개했다. 사과는 알이 점점 굵어졌고 덩달아 가을 수확에 대한 나의 기대감도 한껏 높아졌다. 그런데 어느 날 돌풍에 가지 하나가 (사과를 주렁주렁 매단 채!) 부러지면서 땅에 떨어졌다. 나는 이 가지를 질질 끌어서 집으로 가져와 자세히 살펴봤다. 가지의 속은 비어 있었고 먹이 활동을 한 흔적이 가득했다. 가지를 쪼개 보았더니 대략 6센티미터 길이에 노란빛이 도는 하얀색 애벌레가 굴러떨어졌다. 나는 더럭 걱정이 앞섰다. 알락하늘소와 원두사과나무하늘소 같은 외래종 하늘소에 관한 이야기를 그동안 숱하게 들어 왔기 때문이다. 듣던 대로 정말 원두사과나무하늘소의 애벌레일까?

얼마든지 있을 수 있는 일이었다. 인터넷으로 검색한

정보는 나의 시름을 전혀 덜어 주지 못했다. 원두사과나무하늘소는 2008년 여름에 처음으로 독일 땅을 밟았고 이제는 발트해의 페마른섬까지 퍼져 있었다. 애벌레일 때는 나무 줄기나 가지의 껍질 밑으로 구멍을 파고 들어간 다음 그 안에서 먹이 활동을 하면서 성장하고 번데기 단계를 거쳐 성충이 되면 7월에 지름 1센티미터의 구멍을 뚫고 밖으로 모습을 드러낸다. 일단 이들의 존재가 확인되면 직접적인 피해를 입은 나무들은 모두 베어서 소각해야 하고 최대 수 킬로미터의 반경 안에 있는 과실수를 비롯해서 마가목과 산사나무처럼 이런 하늘소의 잠재적인 서식지가 될 수 있는 모든 나무와 관목에는 살충제를 흠뻑 뿌려 주어야 한다. 우리의 친환경적인 정원에도 이런 일이 일어날지 모른다는 생각이 들자 등줄기에 식은땀이 흘러내렸다. 나는 문제의 애벌레를 조금 더 자세히 들여다보았다. 무시무시한 침입자인 하늘소의 애벌레는 상당히 납작한 몸이 입과 집게가 달린 머리 부분에 이르면서 넓어졌다. 그런데 내가 발견한 것은 나비 애벌레와 더 비슷해 보였고 몸 전체가 작은 흑색 점들로 덮여 있었다. 얼른 휴대용 도감을 찾아보고 나서 나는 깊은 안도의 한숨을 내쉬었다. 내가 발견한 것은 토종 곤충인 깨다식굴벌레나방의 애벌레였다. 원두사과나무하늘소와 마찬가지로 이 나방도 낙엽수를 공격하고 해를 입히지만, 대개는 나무 하나에 애벌레가 한 마리만 있어서 피해가 적정 수준

동물들

을 넘어서지 않는다.

어떤 무당벌레 종의 방문은 훨씬 더 주의해야 한다. 무당벌레는 우리에게 동정심을 유발하는 몇 안 되는 곤충 중하나다. 꼭 발랄한 물방울무늬 때문만은 아니다. 무당벌레의 애벌레는 매우 유능한 진딧물 도살자이기도 하다. 하지만 새로운 무당벌레가 판에 끼어들어 대서특필되면서 이런전원의 풍경에 위기가 들이닥쳤다. 새로 가세한 종은 아시아 무당벌레 또는 할리퀸 무당벌레였고 지금도 우리 정원을 휩쓸고 있다. 하늘소와 달리 할리퀸 무당벌레는 생물학적 해충 관리의 차원에서 의도적으로 도입되었다. 프랑스와벨기에의 유기 농원들은 이 작은 조력자를 살충제의 대안으로 사용하기를 원했고 그 의도는 칭찬받을 만했다. 유럽의 토종 무당벌레가 그러하듯이 할리퀸 무당벌레도 진딧물을 가장 좋아해서 한 마리가 하루에 대략 200마리를 먹어 치울 수 있다. 여기까지는 당연히 축하할 일처럼 보일 것이다. 하지만 상황은 그렇게 단순하지만은 않았다. 첫째로 이 침입종은 다른 곤충들까지 잡아먹었다. 둘째로 이들을 들여오기 전에도 유럽에서 오랫동안 살아온 토종 무당벌레들이 진딧물 종족을 완벽할 정도로 잘 처리하고 있었다. 할리퀸 무당벌레는 번식 속도가 매우 빠르고, 먹이가 부족해지면 다른 무당벌레와 그 애벌레까지 잡아먹는 전략을 취한다. 그럼 토종 무당벌레들이 멸종하지 않을까? 맞다. 추측한 대로

자연 수업

다. 과학자들은 일부 종이 곧 완전히 사라질 수도 있다며 우려를 표하고 있다.

새로 들어온 이 무당벌레 종은 인간까지 괴롭힌다. 가을이 되면 수천 마리의 할리퀸 무당벌레가 집 벽과 지붕에 달라붙어 집 안으로 들어오려고 한다. 보통은 사람이나 동물에게 해가 되지는 않는다. 다만 골칫거리가 될 뿐이다. 그러나 포도주 생산자들이라면 이야기가 달라진다. 그들이 이 침입자들을 두려워하는 이유가 있다. 수확철이 되면 포도에 이 무당벌레들이 잔뜩 달라붙어 있다. 그런데 혹시라도 과일에 섞여 포도즙에 들어가기라도 하면 이 벌레는 당황해서 분비물을 배출한다. 그러면 수확물 전체의 풍미를 망쳐 버리고 만다.

혹시 정원에 아시아에서 온 할리퀸 무당벌레가 출현하는지 잘 지켜보라. 이 종은 덩치가 6~8밀리미터로 비교적 크고 최대 열아홉 개의 점이 있다. 앞가슴의 위쪽 배판에는 흰 바탕에 검은색의 'M'자 표시가 있다(바라보는 위치에 따라 'W'로 보이기도 한다). 무당벌레가 이런 특징 중 어느 하나라도 가지고 있다면 새로 유입된 종일 수 있다. 하지만 무당벌레의 색깔과 특징이 워낙에 다양하기 때문에 100퍼센트 확신을 가지고 구별하기는 어렵다. 흔히 토종 무당벌레는 점이 일곱 개밖에 없다고들 하지만, 이는 잘못된 정보다. 경우에 따라서는 유럽 종이라도 스무 개가 넘는 점을 가졌으며 몇몇 희귀종은 'M'자 표시를 가지고 있기도 하다. 이렇게 말하더라도, 만약 눈앞의 무당벌레가 이 세 가지 특징을 전부 보이고 있다면 다시 말해서 덩치가 크고 점이 열아홉 개이며 배판에 'M'자를 가지고 있다면 할리퀸 무당벌레일 가능성이 매우 크다.

우리 지역에 완전히 적응한 이주자들도 있다. 예컨대 염주비둘기는 1940년대부터 북서쪽으로 계속 느리게 이동하면서 남동 유럽에서 중부 유럽으로 서서히 터전을 옮겨왔다. 베이지색과 회색이 뒤섞인 이 새는 목 뒤에 독특한 검은색 띠가 있어서 토종 비둘기와 쉽게 구별된다. 토종 대열에 약간 늦게 합류하기는 했지만 염주비둘기는 전형적으로 인간과 더불어 사는 새다. 경작된 스텝 지대에서만 생존할 수 있기 때문이다. 달리 말하면 유럽의 원시 낙엽수림에서 생존할 가능성은 거의 없다.

회색머리지빠귀도 유사한 과정을 거친 새이며 최근 수십 년 사이에 개체 수가 상당히 많이 증가했다. 하지만 염주비둘기와 달리 본래는 동유럽과 시베리아의 타이가 지대에서 서식했고 서쪽으로 꾸준히 이동해서 우리가 사는 곳까지 도착한 새다. 많은 지역에서 회색머리지빠귀는 더 이상 겨울 철새가 아니며 그들의 알과 어린 새끼가 현지의 다람쥐나 두루미의 먹이가 될 위험을 감수한 채 한곳에 머무르면서 새끼를 기른다. 회색머리지빠귀가 새끼를 기르고 있음을 알 수 있는 유일한 경우는 포식자로부터 새끼를 보호하기 위해 그들이 매우 독특한 행동을 보일 때뿐이다. 그들은 깩깩거리는 경고음을 내면서 적에게 곧장 돌진한다.

지금까지 가장 최근에 우리에게 유입된 종들 가운데 일부를 소개했다. 어떤 종은 인간에 의해서 계획적으로 유입되어 새롭고 안전한 안식처에서 감당하기 곤란할 정도로 세를 불렸다. 어떤 무리는 자발적으로 우리 지역으로 옮겨와 농경지가 주를 이루는 우리 환경에서 마치 그들의 본래 서식지(스텝 지대)에서 사는 것처럼 잘 지내고 있다. 굳이 인간이 개입하지 않더라도 변화하는 기후에 따라 종 구성이 끊임없이 달라진다. 기후는 항상 추웠다가 따뜻해지고 다시 추워지기를 반복해 왔고 앞으로도 계속 그럴 것이다. 기온 변화에 따라 서식지도 달라진다. 따뜻한 기온을 좋아하는 너도밤나무의 군락지는 지난 5,000년 동안 계속해서 북쪽으로 옮겨 가고 있다. 급증한 너도밤나무의 위세는 이제 떡갈나무를 위협하는 수준에 이르렀고, 결과적으로 떡갈나무는 유럽을 가로질러 급히 동쪽으로 자리를 옮기고 있다. 나무들의 뒤를 따라서 광범위한 종의 동물들이 (너도밤나무의 경우에는 약 6,000개의 개별 종이) 자신들의 생활 방식을 유지하기 위해 나무와 함께 어쩔 수 없이 이동한다. 자연은 전혀 정적이지 않다. 자연은 끊임없이 변하고 있으며 지금처럼 인간이 기후에 압박을 가하지 않더라도 달라지지 않는다.

야생동물을 길들이는 것에 관하여

난동을 부리는 멧돼지들에 관한 뉴스가 끊이지 않고 있다. 가정집 앞마당과 포도밭부터 베를린의 알렉산더 광장에 이르기까지 이 억센 털을 가진 짐승은 어디에서나 모습을 드러낸다. 마치 인간에 대한 두려움을 상실한 듯 보인다. 도시 공간으로의 침입은 전례가 없는 일이다. 이제 좌절한 정원 주인들이 할 수 있는 일이라고는 애정을 담아 심었던 튤립 구근이 파헤쳐지고 잔디밭이 완전히 망가져서 다시 씨앗을 뿌려야 하는 상황을 그저 지켜보는 것뿐이다.

멧돼지는 과일과 채소를 좋아한다. 하지만 그들이 진짜 좋아하는 음식은 고기다. 그래서 지렁이와 들쥐를 찾기 위해 잔디밭을 파헤친다. 그런데 도대체 왜 멧돼지들이 겁도 없이 인간의 거주 지역에 계속해서 나타나는 걸까? 가장 큰 이유는 개체 수가 빠르게 증가하면서 새로운 서식지를 찾아야 하기 때문이다. 삼림 당국의 관리들이나 사냥꾼들은 멧돼지의 개체 수가 급증한 데는 두 가지 원인이 있다고 말한다. 첫째는 기후 변화로 날씨가 따뜻해졌기 때문이고, 둘째는 너도밤나무 열매와 도토리가 풍부해지고 옥수수를 재배하는 농가가 늘어나면서 식량을 구하기가 쉬워졌기 때문이라는 것이다. 하지만 내가 보기에 이 같은 설명은 전적으로 허튼소리에 가깝다.

지난 20년 동안 기후가 따뜻해진 것은 사실이다. 따뜻하다는 말에는 사람을 안심시키는 무언가가 있다. 어쨌든 추위를 좋아하는 사람은 없다. 그리고 멧돼지라고 달라야 한다는 법은 없다. 겨울에 좀 더 따뜻한 기온이라고 하면 일반적으로 완전히 꽁꽁 얼지 않는 상태를 의미한다. 하지만 영상 5도이든 영하 5도이든 춥기는 매한가지다. 이 강인한 동물들의 처지에서 보면 별반 차이가 없다는 말이다. 그들의 행동에 차이를 만드는 것은 독일에 점점 눈 대신 비가 더 많이 내린다는 사실이다. 습기를 품은 추위는 그야말로 최악의 조합이며 이는 단지 인간에게만 해당되지 않는다. 이런 날씨에 새끼 돼지는 쉽게 병에 걸리고 치사율도 증가한다. 결국, 기후 변화는 멧돼지에게 조금도 도움이 되지 않는다.

그럼 이제 멧돼지가 과연 농업과 자연에서 일어난 변화로 더 많은 먹이를 얻고 있는지에 관한 문제가 남는다. 모든 종에게 더 많은 먹이는 더 많은 새끼의 생존을 의미하고 따라서 이 주장은 언뜻 타당해 보인다. 하지만 조금만 더 생각해 보면 이런 변화가 일 년에 고작 몇 달 동안만 여물통이 가득 찬다는 뜻임을 알 수 있다. 탁 트인 논밭에는 늦여름부터 추수철까지 주워 먹을 것이 풍부하지만 일단 추수철이 끝난 다음에는 먹을 것이 전혀 없다. 떡갈나무와 너도밤나무 숲에는 매 3년에서 5년 간격으로만 열매가 특히 풍성할 뿐이다. 이런 해를 가리켜 마스트(돼지 사료로 사용하는 떡갈나무

동물들

나 너도밤나무 등의 열매) 해라고 부르는데 수 세기 전에는 진정으로 풍미 있는 베이컨을 만들기 위해 집에서 기르던 돼지를 숲으로 보내서 도토리와 너도밤나무 열매를 실컷 먹게 한 다음 겨울에 도살했기 때문이다.

12월 말이 되면 동물들은 나무 열매를 모조리 먹어 치운다. 또 하나의 식량 공급원이 고갈되는 것이다. 이때부터 멧돼지는 겨울에 대비해서 비축한 지방에 의존해야 한다. 하지만 봄이 올 즈음에 이 비축분은 모두 소진되고 들판에는 아직 먹을 것이 없다. 게다가 도토리와 너도밤나무 열매는 매년 충분히 먹을 수 있는 것도 아니다. 이와 같이 기후와 농업과 숲의 열매는 꾸준히 증가하는 멧돼지의 개체 수에 그다지 많은 영향을 끼친 것처럼 보이지 않는다. 내가 생각하기에 멧돼지의 개체 수가 증가하는 주된 원인은 사냥꾼들의 은밀한 행동에 있다. 그들은 멧돼지의 개체 수가 늘어나는 문제를 큰 소리로 한탄하는 한편으로 자신들이 사냥하기에 충분한 개체 수를 유지할 목적으로 숲속의 은밀한 장소에서 멧돼지에게 일 년 내내 먹이를 준다. 이들 멧돼지 하나하나는 사살되기 전까지 평균 130킬로그램의 옥수수 낱알을 제공받는다. 이 정도 양이면 차라리 멧돼지를 우리에 넣어 사육하는 편이 나을 것이다. 멧돼지가 늘어나는 추세를 효과적으로 누그러뜨릴 유일한 방법은 멧돼지에게 먹이를 주는 행위를 금지하는 것이겠지만 불행하게도 이를 추진하기 위한 법안 발의는 독일 전역의 모든 주 의회에 영향력을 행사하는 사냥 단체의 강력한 로비에 막혀서 그다지 진전을 보지 못하고 있다. 결국 정원을 가꾸는 사람으로서 우리가 선택할 수 있는 유일한 방법은 거대한 철재 울타리를 땅속 깊이 박아 세워서 스스로 정원을 보호하는 것뿐이다.

개체 수의 왕성한 증가는 점점 더 많은 여우와 사슴, 멧돼지가 인간 도시로 이동하는 이유 중 하나이지만 여기에는 다른 원인도 있다. 바로 세렝게티 효과다. 아프리카의 사파리를 직접 방문해 보았거나 텔레비전에서 본 적이 있는가? 아프리카의 국립 공원에 사는 동물들에게서 눈에 띄는 점은 그들이 인간을 익숙하게 대하고 인간에게 완전히 무관심하다는 것이다. 지프를 타고 사자나 코끼리, 얼룩말, 가젤 등에게 바로 코앞이나 다름없는 불과 몇 미터 떨어진 거리까지 접근해도 그들은 조금도 불안해하지 않는다. 하지만 공원의 경계선을 벗어나자마자 이런 목가적인 장면은 보이지 않는다. 공원 밖에서는 동물과 마주치는 경우가 훨씬 적다. 이유는 간단하다. 공원 밖의 동물들은 합법적으로든 불법적으로든 사냥을 당하고 그래서 인간을 두려워하게 되었기 때문이다. 중부 유럽에서도 정확히 똑같은 현상이 발견된다. 하이킹을 나갔을 때 붉은사슴이나 노루를 마주칠 가능성은 매우 낮다. 많은 지역에서 이들 개체가 1제곱킬로미터당 대략 50마리에서 100마리에 이르는 상황에서 평균 15킬로미터 정

동물들

도를 걸었으면 당연히 한 녀석이라도 눈에 띨 만하다는 생각이 들 것이다. 물론 현실은 사뭇 다르다. 그 이유는 순전히 사냥 때문이다. 야생동물들은 사냥꾼에게 평생을 쫓기고 시달린다(독일에서만 35만 개의 사냥 면허가 발급되었다). 그들이 끊임없는 공포와 불안 속에서 산다는 뜻이다. 야생동물은 우리 인간의 행위에 맞추어 자신들의 행위를 조정한다. 예컨대 사슴은 풀을 실컷 먹으려면 넓은 지역을 배회하고 다니면서 온종일 풀을 뜯어야 하지만 오직 밤에만 숲이나 산울타리에서 나와 모습을 드러낸다. 쓰라린 경험을 통해 땅거미가 지기 전까지는 언제든 총에 맞을 수 있다는 사실을 아는 까닭이다. 총성은 완전하게 어둠이 내려야만 멈추고, 사슴은 그제야 걱정 없이 초원에서 풀을 뜯기 시작한다. 날이 밝으면 다시 나무가 우거진 지역으로 피신해서 몸을 숨기고 투덜거리는 위장을 달래기 위해서 나무의 싹이나 나뭇잎, 때로는 나무껍질까지 야금야금 갉아 먹는다.

다시 정원에 주의를 돌려 보자. 주거 지역에서는 사냥이 금지되어 있다는 점에서 정원은 국립 공원의 축소판이나 다름없다. 하지만 야생동물이 안전지대로 인식하기에 개별적인 정원 하나하나는 규모가 너무 작다. 하지만 몇 개의 구획이 합쳐진 땅이나 여러 개의 정원이 나란히 늘어선 형태라면 사정은 완전히 달라진다. 여우는 우리가 어떠한 위협도 가하지 않는다는 사실을 알아차리는 순간 행동이 완전히 달라진다. 세렝게티의 경우와 마찬가지로 낮에 활동하면서 보다 규칙적인 생활 리듬으로 돌아갈 것이다. 물론 그들이 국립 공원의 동물처럼 길들인 상태가 되기까지는 다소 시간이 걸릴 것이다. 정원은 그 지역에 사는 야생동물들에게 사냥당할 염려가 없는 오아시스 역할을 하기에는 확실히 너무 작다. 게다가 단 한 마리의 동물이라도 부정적인 경험을 하게 되면 이 동물이 느끼는 불안감이 같은 종의 동물들에게 전염되면서 신뢰는 무너질 것이다. 어쨌든 이런 동물들이 아주 가끔씩만 방문하더라도 우리는 낮에 야생동물을 발견하는 매우 진귀한 경험을 하게 될 것이다.

야생에서 살아가는 방문객을 유혹하기 위해 어떤 정원 주인들은 주기적으로 사과나 곡물을 밖에 내놓는다. 이미 앞에서 야생 조류에게 모이를 주어도 괜찮은 이유를 살펴보기는 했지만, 원칙적으로 우리는 야생동물이 인간에게 너무 익숙해지도록 유도해서는 안 된다. 인간과 너무 친숙해지면 야생동물과 인간 모두에게 부정적인 영향을 끼칠 수 있다. 인간의 생활에는 야생동물들이 금방 적응할 수 없는 위험 요소가 존재한다. 인간의 자동차나 잔디 깎는 기계, 어슬렁거리는 반려동물이 자신들에게 위협이 될 수 있음을 너무 늦게 깨닫는 바람에 의심이라고는 모르는 다람쥐나 새, 사슴 등이 호기심의 대가로 목숨을 잃을 수도 있다.

반대로 우리가 먹이를 주는 동물들이 오히려 우리를 성

동물들

가시게 할 수도 있다. 이를테면 나의 예전 이웃은 다람쥐에게 땅콩을 먹이로 주었고 다람쥐는 곧 길들여졌다. 이 적갈색의 조그만 개구쟁이들은 매일 베란다 문 앞에 나타났다. 혹시라도 그들이 늘 방문하는 시간에 아무도 없거나 내 이웃이 빠르게 응답하지 않으면 참을성 없는 손님들은 앞발로 문을 긁어댔다. 문틀이 손상된 것은 말할 것도 없고 그들이 만들어 내는 소음은 이내 짜증을 유발했다. 우리도 이 작고 귀여운 방문객들에게 음식을 내놓을까 하는 유혹을 느낀 적이 있었지만, 다행히 이웃의 실패한 경험에서 교훈을 얻었다.

야생동물을 길들이고 기르는 문제를 놓고 나는 끊임없이 갈등한다. 한편으로 보면 우리 인간은 굳이 여가 시간까지 할애하지 않더라도 이미 충분히 자연 세계를 방해하고 있다. 하지만 다른 한편으로 보면 우리는 우리가 사랑하는 것만 진심으로 보호하려 든다. 게다가 동물에 대한 사랑을 키우려면 동물을 우리 보호 아래 두고 돌보는 것보다 더 좋은 방법이 어디 있겠는가? 나는 한 마리의 야생동물을 전적으로 반려동물로 삼는 편이 가끔 여러 야생동물을 집으로 불러들여서 먹을 것을 주는 것보다 낫다고 생각한다. 반려동물은 더는 자연 세계에 영향을 끼치지 않고 인간과 내내 함께 머무르면서 인간에게 동물을 돌보고 함께 산다는 것이 무엇을 의미하는지 확실히 느끼게 해 주기 때문이다. 반면에 우리가 주는 먹이에 익숙해진 야생동물들은 인간이 제공하는 혜택에 점점 의존하게 되면서 스스로 생존할 수 있는 능력이 줄어들 만큼 자신들의 행위를 조정할 것이다.

꽤 높은 지능을 가진 까마귀나 어치를 길들여서 기르는 것은 어떤 문제가 있을까? 현재로서는 이런 행위의 유일한 걸림돌은 법이며 역설적으로 독일에서 이 새들을 사냥하는 것 자체는 합법이다. 이에 반해서 심각한 멸종 위기에 놓인 이국적인 새나 물고기, 도마뱀은 얼마든지 잡아서 반려동물로 키울 수 있다. 이런 동물들의 열대 고향에서는 허가를 받아야 하는데도 불구하고 너무나 많은 경우에 불법적으로 포획이 이루어지고 있다.

유기된 어린 동물

정원을 가꾸는 사람들 대다수가 한두 번씩은 꼭 마주치는 일이 있다. 양상추를 몇 통 뽑거나 텃밭 한쪽에 갈퀴질을 해주려고 밖에 나갔다가 불안한 두 개의 작은 눈동자가 우리를 빤히 올려다보고 있는 상황과 마주하는 것이다. 아마도 둥지에서 떨어진 어린 새일 것이다. 우리는 이런 연약한 생물에 동정심을 느끼고 본능적으로 그들을 돕기 위해서 무언가를 하고 싶어 한다. 하지만 이 작은 새들에게는 그런 행동이 오히려 위협이 될 수 있으며 실제로 우리 도움이 필요한지 아닌지도 구분하기가 쉽지 않다.

몇 달 전 같은 동네에 사는 한 주민이 무력한 상태로 숲 바닥에 쪼그리고 있는 어린 말똥가리 새끼를 발견해서 나에게 데려왔다. 새끼가 발견된 장소 바로 위 나무 꼭대기에는 둥지가 있었고 그 안에서는 형제들로 보이는 다른 어린 새들이 큰 소리로 어미 새를 부르고 있었다. 어린 새는 이미 어른 깃털이 나기 시작해서 완전히 독립할 날이 멀지 않은 상태였다.

새를 데려온 사람에게 어린 말똥가리를 원래 있던 나무 밑에 다시 데려다 놓으라고 이야기하자 그는 매우 실망하는 눈치였다. 분명히 나를 무정한 놈이라고 생각했을 것이다! 그가 나를 어떻게 생각하든 간에 새를 살리려면 그렇게 해야 했다. 며칠 뒤에 나는 그 새가 어떻게 지내는지 확인하러 갔다. 새는 그곳에 있었고 나무 그루터기에 걸터앉은 채 아마도 어미 새가 가져다주었을 뼛조각이 붙은 고기 한 점을 꿀꺽 삼키고 있었다. 식사를 마친 새는 날개를 잠깐 퍼덕거리고는 공중으로 날아올라 이웃한 나무 꼭대기로 날아갔다.

또 한 번은 새끼 사슴과 얽힌 경우였다. 아이들 몇 명이 들판에서 어린 사슴을 발견했다. 그들은 사슴을 집으로 데려갔고 그 시점에서 아이들의 어머니가 나에게 전화를 했다. 그녀는 사슴을 어떻게 해야 할지 몰라서 무척 당황해하고 있었고, 혹시 사슴을 데리러 와 줄 수 있느냐고 물었다. 사슴을 정확히 어디에서 발견했는지 아이들이 기억하지 못했기 때문에 원래 있던 자리로 되돌려놓기는 불가능했다.

나는 시골에 사는 사람이라면 이제 상식적으로 새끼 사슴이 유기된 것처럼 보여도 절대 다른 곳으로 옮기지 말아야 한다는 사실쯤은 알 거라고 기대했던 까닭에 약간 짜증이 났다. 새끼 사슴이 갓 태어났을 때 어미 사슴은 숲 언저리에 새끼를 혼자 놓아두고 먹이를 찾으러 간다. 어미 사슴은 가끔씩 돌아와서 새끼가 잘 있는지 확인하고 젖을 준 다음 다시 먹이를 찾으러 간다. 새끼 사슴이 걸을 수 있게 되면 어미 사슴이 어디를 가든 따라다닐 것이다.

그렇게 나는 떨고 있는 작은 어린 사슴을 데려왔다. 하지만 병을 이용해서 무언가를 먹이려는 모든 시도가 실패했고 결국 어린 사슴은 굶어 죽었다.

나는 어릴 때 새와 토끼를 비롯해서 나중에는 담비까지 꽤 많은 동물을 길렀다. 어떤 경우에는 그들의 생명을 구할 수 있었지만 어떤 경우에는 그러지 못했고 이런 경험을 바탕으로 유기된 동물 새끼를 발견하면 개입하기 전에 항상 심사숙고한다. 어린 동물을 우리 인간의 따뜻한 집으로 데려가기로 결정하기에 앞서 고려해야 할 몇 가지 간단한 원칙들을 소개한다.

다음은 새에게 적용되는 원칙이다. 어린 새는 몸집이 클수록 도움이 필요 없다. 이미 어른 깃털이 보이고 잘 걸을 수 있다면 정원을 탐험하느라 둥지에서 벗어나 얼마나 멀리까지 배회하든 상관없이 그 어린 새는 여전히 어미 새의 보호 아래 있을 가능성이 높다. 반면에 아직 솜털만 있거나 사실상 털이 아예 없는 아주 어린 새라면 혼자 힘으로는 땅에서 살아남지 못할 것이다. 이럴 때 도움을 주기 위해 가장 먼저 할 수 있는 일은 둥지를 찾는 것이다. 둥지를 찾았다면 아마도 어린 새를 다시 안에 넣어 줄 수 있을 것이다. 사람 손을 타는 부분에 대해서는 걱정할 필요가 없다. 어린 새끼에게서 사람의 냄새가 난다고 어미 새가 먹이를 주지 않는 일은 일어나지 않을 것이다. 혹시라도 새끼 새를 둥지 안으로 돌려보낼 수 없는 경우에는 직접 기르거나 야생 조류를 돌보는 전문 기관에 보내면 된다.

고슴도치는 많은 동물 보호 운동가들에게 특히 주목을 받는 동물이다. 비교적 몸집이 크고 사납지만, 해를 끼치지 않는 습성을 가져 인간과 자연의 관계를 상징하는 특별한 동물로 여겨지기 때문이다. 고슴도치에게 먹이를 줄 때는 고려해야 할 사항이 아주 많다. 따라서 혹시라도 체중이 적거나 유기된 어린 고슴도치를 발견했다고 의심되면 먹이를 주기 전에 전문가에게 조언을 구할 것을 권한다. 자신이 사는 지역의 수의사나 동물 보호 단체에 연락해서 조언을 구하거나 전문 서적을 찾아보라.

불확실할 때는 약간 과격하게 보일 수도 있는 단 하나의 단순한 원칙이 모든 포유동물에게 적용된다. 어린 동물을 발견한 바로 그 자리에 그대로 두는 것이다. 보통은 어미가 주변에 있을 것이고 이 어미의 보살핌 아래서 어린 동물은 어쩌면 독립하는 법을 배우는 중일 수 있다. 어린 동물이 명백한 영양 부족 상태로 보이거나 몇 시간이 지나도 어미가 주변에 있음을 암시하는 징후가 보이지 않을 때만 개입해야 한다. 하지만 이런 경우에는 어린 동물이 시름시름 앓다가 금방 죽기 일쑤인 까닭에 대부분 실망스러운 결말로 이어진다.

우리가 유념해야 하는 또 하나의 중요한 측면이 있다. 자연이 무자비할 만큼 약자와 강자를 분류하고 건강한 개체만 살아남을 수 있는 환경을 제공하기 때문에 동물들이 으레 새끼를 많이 낳는다는 사실이다. 즉 패자에게 먹이를 제공함으로써 우리는 우리 지역에 사는 종의 개체들을 전반적으로 약하게 만들 수 있다. 가혹하게 들릴지 모르지만 그들에게 도움을 주는 행위는 자주 역효과를 낳는다.

매우 드문 경우지만 적극적으로 개입해야 할 때도 있다. 어미가 사고를 당했을 때, 어미를 찾을 수 없을 때, 어린 동물이 다쳤을 때 등이다(다 자란 동물이 다쳤을 때도 도와야 함은 두말할 필요가 없다).

어린 동물을 돕고 싶다면 최선의 방법은 생태적으로 적합한 서식 환경을 갖춘 자연 친화적인 정원을 만드는 것이다. 다시 말해서 사람의 손길이 닿지 않은 자연 그대로의 구역을 만드는 것이다. 화학 물질의 사용을 피하고 풀을 베거나 돌보지 않은 채 정원 한쪽을 내버려 둔다면 많은 어린 동물에게 생후 첫 일 년을 무사히 살아남을 수 있는 최고의 가능성을 선물하게 될 것이다.

11장

모든 감각으로 느끼기

지금까지 다룬 자연 현상은 정원에서 경험할 수 있는 고작 몇 가지 사례에 불과하다. 당연히 그 밖에도 수많은 자연 현상이 존재하며 우리가 해야 할 일은 단지 이런 현상들을 인지하는 것이다. 피식자인 명금류가 포식자인 맹금을 발견했을 때 보이는 격한 반응이나 강우 전선이 접근할 때 공기 냄새가 어떻게 변하는지 떠올려 보라. 하지만 이런 현상을 인지하는 것보다 더 중요한 문제가 있다. 바로 자연의 다양한 면모를 감상하기 위해 감각을 갈고닦는 일이다. 지금부터 우리가 자유자재로 사용할 수 있는 감각 도구들을 더욱 자세히 알아보겠다.

야간 시력

인간은 주로 시각에 의존하는 동물이다. 청각이나 후각에 비하면 시각이 고도로 발달했다. 한때는 인류가 탁 트인 광활한 스텝 지대에서 살아가던 원시 동물이었다는 점에서 충분히 일리가 있다. 청각과 후각은 무척 좁은 범위에서만 작동하는 제한적인 능력이지만, 시각은 수 킬로미터나 떨어진 먼 거리까지 유효한 능력이다. 시각의 발달은 적이나 잠재적인 식량을 미리미리 발견할 수 있음을 의미했다.

원거리 시력은 우리 인간의 유전자에 각인된 능력이며 이 능력에 맞추어 우리 주변의 풍경도 달라져 왔다. 한때는 우리의 시계를 가로막았던 어두운 숲과 나무들이 끝없이 탁 트인 초원으로 대체되었다. 들판과 목초지는 이런 초원의 전형적인 형태다. 단지 종의 구성만 우리가 현재 재배하는 밀이나 옥수수, 보리 등으로 바뀌었을 뿐이다. 심지어 초원의 축소판인 정원도 이러한 열망이 반영된 결과다. 누군가는 생울타리와 담장을 장막으로 사용하는 현실이 초원에 대한 원초적인 열망과 모순된다고 생각할지 모르지만 이런 장벽을 설치하는 이유는 우리의 시야를 제한하려는 것이 아니라 이웃들로부터 사생활을 보장받기 위한 것이다.

눈은 우리가 '빛'이라고 부르는 좁은 대역의 전자기파만을 감지할 수 있다. 날이 어두워지면 우리가 시각에 얼마나 많이 의존하고 있는지 아주 분명해진다. 색을 구분할 수 있는 능력은 땅거미가 내리자마자 사라진다. 흔히 말하듯이 밤에는 모든 고양이가 회색으로 보이는 이유다. 빛의 밝기가 0.1럭스 아래로 내려가면 우리는 거의 아무것도 볼 수 없다. 반면에 맑은 날 빛의 밝기는 10만 럭스에 이른다.

어두워지면 유일하게 빛만 사라진다. 다른 감각들은 소리와 냄새와 촉감 등의 형태로 전과 똑같이 정보를 제공한다. 하지만 다른 감각에 아무런 변화가 없는데도 야간의 풍경은 완전히 다른 세상처럼 보인다. 혹시라도 혼자 있을 때 덤불에서 무언가 바스락거리는 소리가 들리면 불안감이 엄습해 올 것이다. 이런 증상은 우리 감각 중에서 시각이 얼마나 많은 비중을 차지하는지 그리고 시각을 박탈당했을 때 우리가 얼마나 두려움을 느끼는지 보여 준다.

사물을 분간하는 데는 아무런 문제가 없는데도 너무 어두울 때가 있다. 겨울철에 실내에 있을 때 특히 그렇다.

실내 식물이 유달리 긴 싹이 나거나 잎이 노랗게 변한다면 명확한 경고 신호다. 즉 실내가 충분하게 밝지 않다는 뜻이다. 이런 상태는 우리 건강에도 영향을 끼칠 수 있다. 조도가 장기간 2,500럭스(칙칙한 겨울날 낮에 정원에 비치는 햇빛 정도의 밝기) 이하로 유지되면 계절성 우울증이 생길 수 있다. 어두컴컴한 방에서 지내는 것은 영원히 겨울 속에서 사는 것과 같다. 이런 문제를 피하려면 낮에 생활하는 방의 조명을 충분히 밝게 유지하고 날씨가 별로 좋지 않더라도 규칙적으로 밖에 나가야 한다.

조명에 관한 이야기가 나온 김에 덧붙이자면 도심 지역에서 밤을 낮으로 바꾸어 놓은 것도 우리가 밝은 것을 좋아하기 때문이다. 우리는 집 안에서도 환하게 불을 밝히고 이는 겨울철에 실제로 건강에 도움이 된다. 하지만 우리는 거리로 나와서도 밤이 어둠의 시간이라는 법칙을 거부한다. 도시를 환한 불빛으로 채우기를 좋아하는 우리 인간의 습성은 많은 에너지를 소비할 뿐 아니라 (독일에서만 해마다 30억 내지 40억 킬로와트시의 에너지가 사용된다) 완전히 다른 유형의 환경 문제를 일으킨다. 전기로 밤을 환하게 밝히면 대기가 '오염'된다. 이로 인한 문제는 직접 눈으로 확인할 수 있다. 구름이 없는 맑은 밤이라면 우리 눈이 어둠에 적응한 상태에서는 당연히 은하수가 보여야 한다. 그렇지만 최근에는 시골에서나 은하수를 볼 수 있을 뿐이다. 도시에는 배기가스와 물방울이 섞인 옅은 안개가 늘 대기 속에서 움직이지 않고 떠 있기 때문이다. 가로등에서 나오는 불빛이 이 인공적인 안개를 통과하면서 산란하고, 이 산란한 불빛이 항상 도심과 교외 지역의 상공에 퍼져 있다. 이 불빛은 은하수의 은은한 광채와 다른 별들의 희미한 빛보다 훨씬 강해서 그들이 내는 빛을 모두 흡수한다. 시골에서는 육안으로도 거의 3천 개의 별이 보이지만 중소 도시나 대도시에서는 그 수가 1천 개 미만으로 확 줄어든다. 이런 문제가 비록 환경 문제로 간주되지는 않을지 몰라도 우리에게서 자연 세계의 한 단면을 감상하는 즐거움을 빼앗은 것은 분명하다.

　　가로등과 정원의 조명은 일부 동물들에게 치명적인 결과를 불러올 수 있다. 예컨대 나방은 천체를 이용해서 자신의 위치를 파악하고 달과 일정한 각도를 유지하며 날면서 길을 찾는다. 달이 지구에서 아주 멀리 떨어졌다는 점을 이용해서 앞으로 나아갈 때 비행경로를 달과 일정한 각도로 유지함으로써 밤에도 매우 쉽게 비행할 수 있다. 적어도 그럴 가능성이 많다. 이 작은 비행사들에게 인공조명은 달만큼이나 밝게 빛나는 존재이지만 둘 사이에는 한 가지 중대한 차이가 있다. 인공조명은 달보다 거리가 훨씬 가깝다. 전구를 즉 신비로운 가짜 달을 지나쳐 날아갈 때 나방은 별안간 빛이 자신의 앞쪽이 아닌 뒤쪽에 있음을 깨닫는다. 그와 동시에 일직선이 되어야 할 자신의 비행경로가 구부러졌다고 믿는다. 그리고 계속 '달'과 평행을 유지하기 위해 방향을 바꾸지만, 오히려 광원 주위를 빙빙 돌면서 날게 되고 종국에는 전등과 충돌하면서 상황이 종료된다. 이런 상황이 닥치면 나방은 빠져나갈 방법이 없다. 나방으로서는 도무지 이해할 수 없게도 자신이 어디로 날든 '달'이 항상 뒤쪽에 위치하기 때문이다. 이런 혼란 상태가 너무 길어지면, 나방은 결국 지쳐서 죽을 것이다. 장소에 따라서는 포식자들이 이런 상황을 이용하기도 한다. 이를테면 더운 여름날 저녁이

　　　　　모든 감각으로 느끼기

면 박쥐들이 가로등 주변을 날아다니는 모습을 볼 수 있는데 나방을 비롯한 다른 혼란에 빠진 날벌레들이 속절없이 전구 주위를 돌고 있어서 손쉽게 먹이를 취할 수 있기 때문이다.

이런 까닭에 가로등 주위에서 벌어지는 일이 거실의 창문 밖에서 재현되는 것을 보고 싶지 않다면 날이 어두워져서 집에 불을 켤 때는 곧바로 블라인드나 커튼을 쳐야 한다. 밤새 켜 두는 정원 조명도 마찬가지다. 낭만적으로 보이기는 하겠지만 적당한 선에서 타협하고 몇 시간 동안만 켜놓는 편이 낫다. 도로변의 보안등 역시 밤에는 최소한 몇 시간 동안 소등해 두는 것이 좋을 것이다. 주민들이 잠자리에 들고 난 다음에는 어두운 편이 낫지 않을까? 마찬가지로 태양열로 작동되는 전등도 밤새 켜져 있다는 점에서 나의 첫 번째 선택은 되지 못할 것이다.

엑서터 대학교의 연구원들은 야간 조명이 주변 땅의 종 구성에 변화를 유발한다는 사실을 발견했다. 게다가 이 변화는 영구적일 수 있다. 그들은 가로등 밑에 거미와 쥐며느리 같은 작은 포식자와 청소 곤충들이 이례적으로 많이 모여들고 심지어 낮에도 그렇다는 사실을 알아냈다. 이런 현상이 생태계에 어떤 영향을 미치는지 밝혀내기 위해서는 보다 자세한 연구가 필요하다.

6월 말경이나 7월 초에 중부 유럽의 정원에서는 땅거미가 내릴 때 매우 특별한 광경을 감상할 수 있다. 바로 반딧불이다. 이 생체 발광 딱정벌레는 짝을 유인하기 위해 자신의 배에서 빛을 낸다. 공중에서 날아다니는 불빛은 암컷을 찾아 비행하는 수컷 반딧불이의 것이다. 암컷도 빛을 낼 수는 있지만 날지 못하기 때문에 땅에 붙어 있고 그래서 밤에도 쉽게 성별을 구별할 수 있다. 두 종의 반딧불이가 이 인상적인 볼거리를 책임지는데 바로 중앙유럽반딧불이와 북방반딧불이다.

생체 발광 딱정벌레의 또 다른 종인 유럽작은반딧불이는 늦여름 자정이 지난 한밤중에 목격된다. 다른 두 종과 비교하면 유럽작은반딧불이는 덤불이나 무성한 나뭇잎 속에서 얼핏 모습을 볼 수 있을 뿐이지만 그렇더라도 정원의 인공조명을 줄인다면 그들이 짝을 찾는 데 도움을 줄 수 있을 것이다.

나는 정말로 꼭 필요한 경우가 아니면 저녁에도 불을 켜놓지 않는 생활에 익숙해졌고, 덕분에 끊임없이 새로운 무언가를 발견한다. 예를 들면 한번은 개를 산책시키면서 집 앞 진입로를 걸어 내려가고 있을 때 커다란 박수 소리가 몇 차례 들렸다. 고개를 들자 머리 위에서 선회하고 있는 커다란 새의 희미한 윤곽이 보였다. 이렇게 어두운 상황이라면 그것은 부엉이일 수밖에 없었다. 사무실로 돌아온 나는 곧바로 휴대용 도감을 찾아보았고 칡부엉이가 구애 표현을

모든 감각으로 느끼기

할 때 그처럼 커다란 소리로 날개 박수를 친다는 사실을 알아냈다.

그러므로 나는 저녁 시간에 좀 더 주기적으로 정원을 방문하고 되도록 손전등은 가져가지 말 것을 추천한다. 틀림없이 정원이 처음에 보여 주었던 것보다 훨씬 많은 것을 보여 줄 수 있다는 사실을 금방 깨닫게 될 것이다.

냄새 맡기

앞서 우리는 인간이 왜 시각적인 동물인지 살펴보았지만 그렇다고 다른 감각이 전혀 쓸모없다는 뜻은 아니다. 오늘날 직면한 정보의 홍수는 필연적으로 감각과 감각 간의 괴리가 점점 더 벌어지고 있음을 뜻한다. 어쨌든 우리가 의존하는 화면들은 후각보다 시각에 호소하기 때문이다. 하지만 우리 주위에는 엄청나게 많은 다양한 향과 냄새가 존재한다. 최근에는 획기적인 발견이 이루어지기도 했다. 식물이 서로 대화한다는 사실이 밝혀진 것이다. 물론 식물에게 성대가 있다는 뜻은 아니다. 대신 식물은 다양한 '향기 메시지'를 방출하는 방식으로 의사소통을 한다. 식물이 냄새를 이용해서 동물과 의사소통할 수 있다는 것은 전혀 새로운 사실이 아니다. 꽃식물의 향긋한 냄새는 특정 곤충에게 꿀을 마시러 오라고 초대한다. 꿀을 마시는 동안 수분을 해 달라고 말이다. 그들은 자신의 꽃과 향기를 이용해서 특정한 종의 곤충을 목표로 삼는다. 파파야는 예쁜 자주색 꽃과 고기가 썩는 것 같은 역겨운 냄새를 이용해서 파리를 유인하고, 유럽의 과일나무들은 기분을 좋게 하는 향기를 방출해서 꿀벌의 관심을 끈다. 우리는 이러한 협동 방식 또는 의사소통 방식을 이미 수천 년 전부터 알고 있었다. 하지만 최근에 새롭게 알게 된 사실은 식물들이 서로 이야기를 나눈다는 것이다. 예를 들어 나무는 화학적인 조난 신호를 방출함으로써 서로에게 곤충의 습격을 경고한다. 이 신호는 같은 종의 나무들에게 방어적인 화학 물질을 생산하도록 독려하고 이렇게 생산된 화학 물질은 나무껍질에 저장된다. 연구자들은 이제 대부분의 식물이 같은 종의 다른 개체들과 의사소통을 한다고 믿는다.

이러한 발견은 몇 가지 이유에서 주목할 만하다. 첫째, 인간이 독단적으로 식물과 동물 사이에 그어 놓았던 경계선은 균류의 경우에서 증명되었듯이 모호해졌다. 이제는 식물이 고통이나 배고픔, 갈증과 같은 감각과 감정을 가진다는 사실을 인정해야 한다. 둘째, 우리가 아직 완벽하게 알지 못할 뿐 아니라 기존에 이해하고 있던 방식과 — 때로는 아주 기초적인 부분에서 — 모순되는 자연 현상이 수없이 많다는 사실이 점점 명확해지고 있다.

다시 정원으로 돌아가자. 우리는 그리고 우리의 코는 관목이나 여러해살이 식물 사이에서 진행되는 수다스러운

모든 감각으로 느끼기

대화에 진작부터 동참하고 있다. 잠시 장미를 떠올려 보자. 장미는 특유의 색상뿐 아니라 향기 때문에 많은 사람이 찾는 꽃이다. 장미가 원예점에서 발산하는 신호는 '이리 와요!'라는 유혹의 언어다. 물론 장미의 인기 비결을 보다 객관적이고 과학적으로 설명할 수도 있다. 재배자는 시장성 있는 향을 보유한 특정 품종을 선정하고 그래서 해당 품종이 인기를 끄는 것이다. 내용은 똑같다. 단지 덜 경박한 방식으로 표현되었을 뿐이다. 우리는 학문적인 문제를 다룰 때 자신의 감정이 개입되는 것에 익숙하지 않다. 하지만 다른 한편으로 생각하면 왜 그러면 안 되는가? 우리는 식물의 언어를 우리의 언어로 바꿈으로써, 즉 향기를 직접적인 요청으로 해석함으로써 식물의 향기가 전달하고자 하는 실질적인 의미에 더 가까이 다가갈 수 있다.

스트레스를 받으면 정원의 식물들도 경고 신호를 내보낸다. 환경이 맞지 않을 때 우리의 피보호자들은 불편함을 느끼기 시작하고 그러면 곧장 잔디와 나무와 관목 위에 부정적인 기운이 감돈다. 반대로 편안함을 느끼면서 주어진 장소에 만족하고 음식과 물도 충분할 때는 어떠한 스트레스 신호도 나타나지 않는다.

이런 정원이 긴장 완화의 원천이라는 사실은 우연의 일치일까? 누구도 확실한 답을 줄 수는 없겠지만 분명한 것은 어쩌면 우리의 후각에는 이를테면 손상되지 않은 생태계를,

자연 수업

즉 모두가 건강하고 만족스러운 삶을 살아가는 생태계를 무의식적으로 구분해 낼 줄 아는 능력이 존재할지도 모른다는 사실이다.

정원에는 완전히 다른 성격의 냄새도 떠다닌다. 고양이는 자동차나 화분, 담장 기둥 등에 악취가 진동하는 신호를 남겨서 다른 고양이들에게 자신의 영역에 들어오지 말라고 경고한다. 앞에서 살펴보았듯이 담비와 여우, 쥐 같은 다른 많은 포유동물도 이 강력한 혼합물에 그들만의 향을 추가한다.

따뜻한 여름날에 소나무가 발산하는 달콤하고 기분 좋은 향기나 가을에 떡갈나무 잎에서 풍기는 톡 쏘는 향기부터 비가 온 뒤에 올라오는 땅속 곰팡이의 축축하고 퀴퀴한 인사에 이르기까지 정원에는 우리가 발견해 주기를 기다리는 많은 다양한 냄새들이 존재한다. 주변의 다양한 '향기 메시지'에 마음을 연다면 정원에서 단지 눈으로만 얻을 수 있는 것보다 훨씬 많은 것을 얻게 될 것이다.

귀로 듣기

시각에 비해서 덜 발달된 것은 후각만이 아니다. 인간은 청력도 상대적으로 약한 편이다. 물론 매우 큰 소리를 사용하는 인간끼리 의사소통하기에는 전혀 지장이 없으며 다른 동물들이 내는 상당히 많은 소리까지 들을 수 있다. 새소리는

모든 감각으로 느끼기

어쩌면 가장 적당한 예일 것이다. 새는 대다수 종이 울음소리로 식별될 수 있다. 이 수줍음 많은 동물은 나무 꼭대기의 보이지 않는 곳에 숨는 것을 좋아하기 때문이다. 얼핏 모습을 드러내는 새는 으레 시야에서 너무 빨리 사라져서 정확한 정체를 확인하기가 불가능할 정도다. 예를 들면 처음에는 평범한 숲비둘기처럼 보였던 새가 나무에 난 구멍에 보금자리를 만드는 매우 희귀한 날짐승인 분홍가슴비둘기로 드러날 수도 있다. 분홍가슴비둘기는 딱따구리가 파 놓고 버린 구멍을 제 집으로 삼는 걸 좋아하기 때문이다. 숲비둘기와 분홍가슴비둘기는 몸집이 비슷하고 같은 회색이며 날아다니는 모습까지 거의 차이가 없다. 다만 분홍가슴비둘기의 목은 흰색 고리가 없는 대신에 희미하게 녹청색을 띤다. 순식간에 나무 사이를 휙휙 날아다니는 탓에 이런 단서를 눈으로 확인하기란 거의 불가능하지만 울음소리가 결정적인 증거를 제공한다. 숲비둘기가 '쿠우 쿠우우 쿠우 쿠 쿠'라는 특이한 울음소리를 가졌다면 분홍가슴비둘기의 울음소리는 간단히 '쿠우'이다. 나는 여름에 숲으로 산책을 나가서 자주 숲비둘기의 울음소리를 듣지만, 겉모습만으로 그들을 분명하게 알아본 적은 한 번도 없다.

조류 외에도 울음소리로 관심을 끄는 동물들은 수없이 많다. 가장 작은 포유동물에 속하는 쥐로 시작해 보자. 날카로운 휘파람 소리를 닮은 쥐의 울음소리는 키가 큰 풀이 나 있는 목초지에서 주로 들리며 특별히 큰 소리가 아니지만, 여우에게는 그 정도면 충분하다. 즉 여우에게 쥐의 휘파람 협주곡은 풍성한 먹이를 보증하는 보증 수표나 다름없다.

한편 우리는 쉰 소리를 내는 고음의 울음소리로 여우의 존재를 알아차릴 수 있다. 약간은 울부짖는 소리처럼 들리기도 하지만 지속 시간이 겨우 2초에 불과하다. 이들 쥐 사냥꾼이 주택가에서 점점 더 자주 발견되고 심지어 도심 지역에 거점을 마련하기도 하므로 조용한 저녁 시간에 여우의 울음소리를 찾아 귀를 기울여 봄 직하다.

충분히 긴 시간을 들여 청각을 — 더 정확하게는 뇌를 — 단련한다면 분명히 자연의 소리를 들을 수 있을 것이다. 인간의 '생각하는 기관'은 우리가 주변에서 수집하는 모든 정보 중에서 우리에게 중요한 것들에 특히 관심을 기울이고 그것들이 내는 소리를 더욱 잘 들을 수 있게 해 준다. 나의 경우에는 두루미의 울음소리가 그렇다. 계절 이동을 하는 이 대형 날짐승은 일 년에 두 차례에 걸쳐 우리 집 정원 위를 지나간다. 나는 이 새를 손상되지 않은 생태계의 상징처럼 여긴다. 때로는 이들 두루미 편대가 100미터도 되지 않을 저 고도 비행으로 우리 집 위를 날아가는데 그럴 때면 새들이 날개를 퍼덕이는 소리까지 들을 수 있다.

나는 두루미의 전형적인 울음소리가 머릿속에 매우 깊이 각인되어 있어서 아주 멀리 들리는 희미한 소리만 듣고

모든 감각으로 느끼기

도 그들이 두루미인지 아닌지 구분할 수 있다. 지난가을에는 창문을 닫고 텔레비전을 켜 놓은 상태에서도 한 무리의 두루미가 지나가는 것을 알아챘을 정도다. 정원에서 들리는 소리 가운데 자신이 좋아하는 소리가 무엇인지 생각해 보라. 누군가는 해 질 녘에 찌르레기가 부르는 노랫소리를 떠올릴 것이고 누군가는 고슴도치가 생울타리 아래에서 바스락거리는 소리를 떠올릴 것이며 누군가는 호박벌이 관목에서 바쁘게 윙윙거리는 소리를 떠올릴 것이다. 저 밖에는 자동차와 비행기가 만들어 내는 일상의 소음 말고도 수많은 놀라운 소리들이 존재한다.

그리고 겨울이 되면 소복이 쌓인 눈 덕분에 모든 소리가 사라진 상태에서 완벽한 고요 그 자체인 순간을 경험할 수 있다. 훈련된 귀에는 이런 순간이 진정으로 특별하게 다가온다. 오밀조밀 모여 사는 환경에서 고요한 순간이란 정말 드물기 때문이다.

12장

자연으로 돌아가기

걱정하지 마시라. 나는 우리의 정원을 변덕스러운 자연에 전적으로 맡겨야 한다고 우길 생각이 없다. 궁극적으로 나는 정원이 인간과 환경 모두에 이로운 결과를 가져오는 훌륭한 타협안이라고 생각한다. 하지만 그렇더라도 이 타협안을 양자가 아무런 불만 없이 준수해야 하는 확정된 계약으로 봐서는 안 된다. 타협안이라고는 하지만 우리는 자연의 의견을 들은 바가 없다. 규칙은 정원을 가꾸는 우리가 일방적으로 정한 것이다. 따라서 그 규칙이 아무리 공정할지라도 자연은 끊임없이 자신의 전 영역을 되찾으려 애쓸 것이다.

　잔디밭은 비근한 예다. 잡초와 이끼를 허용하기로 했더라도 우리는 여전히 잔디밭을 깔끔하게 관리하고 싶어 하고, 따라서 규칙적으로 잔디를 깎는다. 이렇게 하지 않고 방치해 두면 잔디밭은 키가 1미터나 되는 풀들만 가득한 목초지로 변하고 말 것이다. 여기서 더 나아가면 점진적으로 점점 더 많은 나무가 거점을 확보할 것이고 한 세기가 지나고 나면 결국 정원은 작은 숲으로 변해 있을 것이다. 잔디 깎는 기계가 한 번씩 지나갈 때마다 자연은 제멋대로 행동하지 못한다. 그러나 계속 우리를 이겨 보려고 애쓴다. 깔끔하고 잡초도 없는 잔디밭을 원하는가? 다시 생각해 보는 편이 좋을 것이다. 대부분의 경우에 성가신 이끼들은 다시 돌아올 것이다. 별로 놀랄 일도 아니다. 이끼는 우리가 정원에서 하는 행동에서 번식에 필요한 모든 도움을 얻기 때문이다. 우리는 깎은 잔디 찌꺼기를 내다 버리는데 이는 필수적인 영양분을 버리는 셈이고 그 결과 토양은 해가 갈수록 굶주리게 된다. 그리고 많은 것을 바라지 않는 이끼에게 이런 상황은 상당히 유리하다. 이끼는 돌덩어리만 달랑 있어도 그럭저럭 만족하기 때문이다. 한 뭉치의 잔디 찌꺼기가 버려질 때마다 그만큼 이끼의 경쟁자들이 자라날 가능성도 줄어든다. 이끼는 약간의 수분만 있으면 계속 자랄 수 있으며 잔디를 잘 가꾸고 싶어 하는 정원 주인과 정원의 살수 장치는 지나칠 만큼 적극적으로 이를 제공한다.

이끼를 제거하는 방법도 물론 존재한다. 잔디에 정기적으로 똥거름을 주면 충분히 튼튼해진 잔디가 이끼를 뚫고 다시 원상태로 자라난다. 잔디밭을 고르거나 갈퀴질을 해주어도 이끼를 제거할 수 있다. 다만 이런 해결책은 꾸준히 해 줄 때만 효과가 있다. 이런 점에서 보면 인위적인 정원일수록 유지하는 데 더 많은 노력과 비용이 든다는 말도 맞는 것 같다. 우리 집에서는 이끼와 우호적인 합의에 도달했다. 그 결과 이끼는 그들이 원하는 어디에서든 자랄 수 있고 나는 힘들게 잔디밭을 관리하지 않아도 된다. 잔디를 깎을 때도 굳이 찌꺼기를 치우지 않는다(어차피 며칠만 지나면 벌레나 다른 곤충들이 모두 처리한다). 이 모든 이점을 차치하더라도 이끼가 깔린 땅바닥을 걷노라면 기분이 매우 좋아진다.

하지만 자연은 더욱 절묘한 방식으로 우리 정원을 지배하려고 든다. 핵심은 목재다. 데크와 돋음 모판, 탁자와 벤치, 울타리와 작은 헛간 등은 하나같이 이 놀라운 자연 소재로 제작된다. 하지만 이런 물건들이 정원에 놓이는 순간부터 바로 곰팡이와 곤충 부대의 습격이 시작된다. 이 작은 생물들은 그들의 보금자리를 정할 때 쓰러진 나무로 할지 아니면 벤치로 할지 애써 고민하지 않는다. 결국은 다 같은 목재인 까닭이다. 그들의 선택을 결정하는 요소는 따로 있다. 바로 습기다. 여느 식물들과 마찬가지로 곰팡이가 생존하려면 일정한 양의 물이 필요하다. 목재의 습도가 대략 25퍼센트에 도달하면 곰팡이는 활동 상태에 돌입해서 정원에 놓여 있는 가구에 균사를 퍼뜨리기 시작한다. 곰팡이균은 크게

자연으로 돌아가기

두 종류로 나뉜다. 갈색 부후균과 백색 부후균인데 각각은 목재의 다른 성분을 먹는다. 목재는 섬유 유리와 유사한 구조를 지닌 셀룰로스 섬유와 목질소로 주로 이루어진다. 일반적으로 목재가 단단한 동시에 유연한 이유는 수지를 함유한 목질소가 섬유를 감싸고 있기 때문이다.

목질소 애호가인 백색 부후균은 셀룰로스의 백색 섬유질 조각만 남긴 채 목질소 부분을 게걸스럽게 먹어 치운다. 갈색 부후균은 정반대로 행동한다. 갈색 부후균이 가장 좋아하는 음식은 셀룰로스다. 목질소만 남은 목재는 진한 갈색으로 변색되고 쉽게 부스러진다.

곰팡이의 식욕을 떨어뜨리는 방법은 몇 가지가 있다. 가장 좋은 방법은 목재를 그 상태 그대로 건조하게 유지하는 것이다. 목재의 습도가 25퍼센트 미만이면 침입자들은 아무것도 할 수 없다. 참고로 집 안에서 쓸 가구를 만들 때 사용되는 목재는 수분 함량이 대략 12퍼센트다. 천막과 야외용 가구를 함께 설치하면 습도를 20퍼센트 미만으로 낮게 유지할 수 있다. 바로 건설적인 목재 보존 방식이라고 부르는 곰팡이 억제 방법이다. 이처럼 정원에 있는 가구가 젖었다면 대개는 안전한 장소로 옮겨서 말리는 것만으로 충분하다. 반대로 잔디밭에 몇 주 동안 가구를 무방비로 방치해 두면 곰팡이균이 공격을 개시하고 그 시작 지점은 언제나 다리 부분이 된다. 축축한 땅에 닿아 있는 가구의 다리가 빨대처럼 물을 흡수하면서 곰팡이가 좋아하는 환경이 조성되기 때문이다. 게다가 공기 중에 이전까지 추정했던 것보다 훨씬 많은 수의 포자가 떠다닌다는 사실이 밝혀진 이제는 불과 몇 분만 지나도 곰팡이가 자리를 잡을 수 있다. 마인츠 대학의 연구자들은 1세제곱미터의 공기 중에 약 1천 개에서 1만 개에 이르는 포자가 포함되어 있음을 발견했다. 이 정도면 우리가 숨 쉴 때마다 최대 10개의 포자를 흡입할 수 있다는 뜻이다. 종종 정원에 내놓기도 전에 목재에 곰팡이가 피는 이유도 여기에 있다. 화학 물질이나 보호 페인트를 사용하지 않은 채 곰팡이를 제거하고 싶다면 목재를 말리면 된다. 그렇게만 해 주어도 목재는 수백 년을 견딜 수 있다.

곤충의 경우에도 마찬가지다. 곤충의 침입은 그들이 목재의 표면이나 내부에 알을 낳는 순간부터 시작된다. 알에서 깨어난 애벌레는 목재의 세포 사이를 비집고 굴을 파서 안으로 들어간다. 대개의 경우에 목재 세포에는 영양가가 높은 당분 찌꺼기가 들어 있기 때문이다. 하지만 애벌레는 먹을 것 외에도 마실 물이 필요한데 목재가 너무 건조하면 번데기가 되거나 딱정벌레 성충이 되기 전에, 그리고 목재를 야금야금 갉아먹어서 여기저기에 구멍을 뚫기 전에 소멸할 것이다.

화학적인 목재 보존 방식과 관련해서 몇 가지 언급할 것이 있다. 정원에서 쓸 가구에 페인트를 칠해서 날씨에 상

자연으로 돌아가기

관없이 밖에 내놓고 싶은 유혹을 느끼는 것은 어쩌면 당연하다. 하지만 그럴 경우에 가구는 해를 거듭할수록 외부 날씨에 노출된 착색제가 변형될 뿐 아니라 억수같이 쏟아지는 비에 쓸려서 땅속으로 파고들 것이다. 일단 땅속으로 파고든 다음에는 착색제가 곤충이나 다른 벌레들에게 나쁜 영향을 끼칠 수 있다. 그래서 색상을 중요하게 생각한다면 천연색소를, 그게 아니라면 보다 오래가는 목재를 선택하는 방향으로 방법을 바꾸어야 한다. 떡갈나무와 낙엽송, 미송, 아까시나무를 비롯한 일부 목재는 풍화 작용에 타고난 내성을 지니고 있고 축축한 환경에서도 수년을 견딜 수 있다. 티크와 유칼립투스 같은 수입 목재를 선택할 수도 있는데, 이 경우에는 국제 삼림관리협의회의 인증을 받았음을 증명하는 FSC 로고가 있는지 꼭 확인해야 한다.

어느 순간에 이르면 아무리 내구성이 강한 제품일지라도 수명을 다하고 다시 부식토로 돌아갈 것이다. 정원에는 수백만 년의 역사를 가진 힘이 작용하고 있으며 그 힘을 거스르기란 사실상 불가능하다.

우리 자신은 어떨까? 우리는 우리를 둘러싼 세계로부터 얼마나 멀어져 있는 걸까? 우리의 감각은 얼마나 심하게 무디어졌을까? 우리는 자주 감각과 관련해서 인간과 동물의 능력을 비교하는데 그때마다 우리 인간은 대체로 성적이 좋지 않다. 시각적인 부분에서는 어느 정도 경쟁이 가능하지만, 청각과 후각, 촉각을 모두 합치면 우리 인간의 완벽한 패배다. 우리는 개나 고양이, 새 등의 지각 능력에 자주 감탄하면서 인간의 신체도 똑같은 원리로 만들어졌다는 사실을 잊곤 한다. 우리의 감각 능력이 사무실이나 집 안 소파에서 보내는 시간이 아니라 자연환경에서 평생에 걸쳐 길러진다는 사실을 잊는 것이다. 우리의 일상생활이 인위적인 생태 환경에 좌우되는 까닭에 우리 인간의 생물학적인 기원을 망각하는 것이다.

우리의 뇌는 단지 컴퓨터 앞에서 일하거나 자동차를 운전하는 것 이상을 하도록 고안되었다. 아울러 환경을 이해하기 위해 우리 마음대로 사용할 수 있는 가장 중요한 도구다. 우리는 인류의 오랜 지성을 바탕으로 우리의 동료이기도 한 동물들의 감각 능력과 충분히 맞먹을 만큼 감각을 갈고닦을 수 있다.

나는 우리가 다시 근원으로 돌아가야 한다거나 현대적인 생활을 거부해야 한다고 말하려는 것이 아니다. 그러기에는 나 자신부터가 몸을 편안하게 해 주는 물건들을 너무 좋아한다. 내가 정말로 관심을 가지는 것은 현대적인 외피에 가려져 있는 우리의 감수성 즉 우리의 관찰 능력을 다시 일깨우는 것이다. 우리의 감각이 온전히 그 힘을 발휘할 때 비로소 우리는 우리의 집 앞과 정원 안에서 가슴 뛰면서도 마음이 진정되는 경이로운 경험을 할 수 있기 때문이다. 세

자연으로 돌아가기

상은 우리가 그 안의 다양성을 오롯이 인지할 때 더욱 확장된다.

　나는 여러분이 밖을 돌아다니면서 수많은 새로운 발견을 하기를 바라며 나처럼 처음에 느꼈던 것보다 훨씬 커다란 세상을 발견하기를 바란다.

옮긴이의 말

낚시를 다니다 보면 물고기가 정말 잘 나올 것 같은 날이 있다. 그런 날에는 으레 좋은 물색이, 바람 한 점 없이 장판처럼 잔잔한 수면이, 적당히 자란 육초가, 초봄의 포근한 바람이, 금방이라도 비를 몰고 올 것 같은 한여름의 눅눅하고 시원한 바람이, 높은 고기압이, 늦가을의 맑은 하늘과 따뜻한 햇살이, 이외에도 많은 요소가 조과에 대한 기대감을 높인다. 물론 조과가 신통치 않을 때는 그 모든 것이 변명거리로 작용하기도 하지만 어쨌든 낚시꾼은 자연의 변화에 민감할 수밖에 없다. 결국 미끼를 물어 주는 것은 물고기이며 그런 물고기의 활성도를 결정하는 것이 바로 물 안팎에서 관찰되는 자연의 신호이기 때문이다. 자연 현상에 관련된 부분에서는 아무리 대박 조황을 바라는 낚시꾼이라도 할 수 있는 일이 거의 없다. 기껏해야 출조 날짜를 선택하거나 낚시를 계속할지 말지를 결정할 수 있을 뿐이다. 일기 예보를 열심히 검색해서 가장 좋은 조황을 허락해 줄 것 같은 날을 출조일로 잡거나 이를테면 낚시 도중에 갑자기 눈이 내릴 때 낚시를 접을지 말지를 결정할 수 있을 뿐이다. 함박눈이 내리고 있다면 대기가 포근하고 수분이 많다는 뜻이므로 낚시를 계속할 수 있을 것이고 싸리눈이 내리고 있다면 기온이 낮아서 대기가 건조하다는 뜻이므로 일찍 낚시를 접어야 할 것이다.

저자 페터 볼레벤은 도시의 많은 현대인이 자연과 소원하게 살아간다고 지적한다. 매일 알게 모르게 자연을 소비하며 살면서도 우리는 정서적으로 대체로 자연과 동떨어져 있다. 농산물의 경우를 보아도 그렇다. 마트나 시장에서 농산품을 구매하는 것이 익숙한 오늘날의 환경에서 농산품은 이제 공산품이나 크게 다를 바 없다. 예컨대 상품화된 과일은 그 종류별로 크기와 모양이 균일할 뿐 아니라 당도까지 일정하다. 다양한 쌈 채소는 굳이 이름을 몰라도 수고롭게 손질할 필요 없이 입맛대로 골라서 잘 씻어 먹기만 하면 된다. 마늘은 껍질이 벗겨져 판매되며 배추는 뽀얀 속살만 남아 있다. 라면의 그것처럼 유통 기한도 꼼꼼히 적혀 있다. 즉 소비자 입장에서는 상품화 과정을 거친 눈앞의 배추와 당근이 비와 바람을 맞아 가며 햇빛을 받아 땅에서 자랐음을 새

삼스레 인지할 기회가 줄어들 수밖에 없다. 물론 사과를 먹고 싶다고 직접 사과나무를 심을 필요는 없다.

우리는 자연이 제공하는 많은 것을 소비한다. 공기를 소비하고, 햇빛을 소비하고, 비와 눈을 소비하고, 토양을 소비하고, 나무를 소비하고, 지하자원을 소비한다. 자연을 소비하는 비용이 점점 비싸지는 현실에서 우리는 과연 현명한 자연 소비자일까? 현명한 소비자가 되기 위해서 어떤 노력을 하고 있을까? 예컨대 일기 예보를 소비하는 소비자로서 우리는 일기 예보가 틀렸다고 자주 불만을 토로한다. 일기 예보가 아니라 중계라며 조롱한다. 비단 우리나라에서만 일어나는 일도 아니다. 하지만 하루 전 일기 예보는 적중률이 대략 90퍼센트에 이른다고 한다. 믿기지 않지만 이 수치가 사실이라면 일기 예보는 열 번 중 한 번밖에 틀리지 않는다는 뜻이고 의도했든 의도하지 않았든 우리는 기상청을 상대로 그동안 갑질을 해 온 셈이다. 이른바 갑질 고객이 되고 싶지 않다면? 저자는 기상 관측소가 우리 집 마당에 위치하지 않는 한 예보는 정확할 수 없고 따라서 자신만의 보정된 기준을 만들라고 조언한다. 관심만 있다면 변호사를 선임하는 것과 비교도 되지 않는 적은 비용과 시간과 노력으로 가능한 일이다.

저자처럼 마당에 각종 식물은 물론이고 새나 동물까지 드나드는 하나의 자연계를, 작은 우주를 꾸미는 것은 초고

옮긴이의 말

수의 영역이다. 보통 사람에게는 아파트 베란다에 화초를 키우거나 책상에 작은 허브를 키우는 일조차 만만하지 않다. 그럼에도 책상에 작은 화분 하나라도 올려 두는 순간 우리의 인지 범위는 매우 확장될 것이다. 내 책상에서 햇살이 가장 늦게까지 머무는 위치가 어디인지, 화분의 흙은 충분히 부드러운지, 수분이 부족하지는 않은지, 집 안에 바람은 잘 통하고 있는지 등을 살피게 될 것이다. 충분히 익숙해진 다음에는 내가 사는 아파트 근처의 하천 변이나 작은 동산을 정원처럼 활용할 수도 있을 것이다. 중요한 것은 우리가 일상에서 수없이 소비하는 대상에 관심을 갖는다는 사실이다. 현명한 소비자가 되기 위해서는 자신이 소비하려는 품목에 대해 잘 알아야 한다. 저자가 책 마지막 부분에서 감각의 활용에 대해 언급한 것은 결코 우연이 아닐 것이다.

틈틈이 감각을 벼리고 확장해서 우리 주변에서 일어나는 자연 현상에 할애해 보자. 페터 볼레벤은 그에 필요한 최소한의 교양을 제공해 줄 것이다. 내가 그의 이름을 불러 준다면 그가 나에게로 와서 꽃이 되어 줄 수도 있지 않을까?

자연 수업

찾아보기

자연 수업

옮긴이. 고기탁

한국외국어대학교 불어과를 졸업하고, 전업 번역가로 일하고 있다.
옮긴 책으로는『마오의 대기근』,『문화 대혁명』,『해방의 비극』,『야망의 시대』,
『부모와 다른 아이들』,『이노베이터의 탄생』,『사회 참여 예술이란 무엇인가』,
『공감의 진화』,『멋지게 나이 드는 기술』,『유혹하는 책 읽기』등이 있다.

자연 수업

바람과 새와 꽃의 은밀한 신호를 읽는 법

초판 1쇄 발행 2020년 10월 30일

지은이	페터 볼레벤
옮긴이	고기탁
발행인	안성열
펴낸곳	해리북스
출판등록	2018년 12월 27일 제406-2018-000156호
주소	경기도 파주시 재두루미길 70 페레그린 209호
전자우편	aisms69@gmail.com
전화	031-955-9603
팩스	031-955-9604

ISBN 979-11-969618-2-4 03400

이 도서의 국립중앙도서관 출판예정도서목록(CIP)은
서지정보유통지원시스템 홈페이지(http://seoji.nl.go.kr)와 국가자료종합목록
구축시스템(http://kolis-net.nl.go.kr)에서 이용하실 수 있습니다.
(CIP제어번호 : CIP2020042605)